不要给我耍心机

透过微表情看对人，干成事

子阳——著

中国出版集团

现代出版社

PREFACE 前言

　　西方心理学开山鼻祖弗洛伊德曾经说过这样一句经典名言："任何人都无法保守他内心的秘密。即使他的嘴巴保持沉默，但他的指尖却喋喋不休，甚至他的每一个毛孔都会背叛他。"由此可知，任何一个人的内心都是有踪迹可寻、有端倪可察的，不管他掩盖得多么严实，只要我们用心观察，都会不经意地从各种动作细节中发现蛛丝马迹。

　　大家都有一个共同认识，一个人的语言往往是靠不住的。因为大多数人都能操纵自己的语言，很多人为了掩饰自己内心的真实状态而选择说谎。然而，语言可以骗人，但人的动作却不会作假，只会反映一个人内心的真实想法。只要我们懂一点行为心理学，那么就能读懂对方身体动作背后所隐藏的含义，就能读懂对方的内心世界。

　　我在写本书时，主要从一个人的穿着打扮、行为动作、语言、面部表情等方面展开阐述，将人的日常行为动作与心理学的知识有效地结合起来，并以大家亲身经历的生活小故事为例，希望能帮助读者解读他人在各种情境下做出小动作的不同含义。

本书最大的特点是根植于经验总结与理论研究的科学性，内容全面、体例新颖、语言通俗易懂，最主要的是贴近生活，具有很强的实用性与指导性，值得广大读者读一读。

如果你认真阅读这本书，迅速掌握书中提供的知识与技巧，那么，当你身处书中所描述的具体情境时，你就能很好地做出判断。通过观察、对比对方的面部表情与身体动作，你就能瞬间读懂他人小动作背后所隐藏的秘密。假如他的脸部表情、动作与语言不一致，那么就说明他说谎了。我们必须提醒你的是，你必须迅速识别对方的谎言，引起警觉，并采取相应的措施，避免被他人所害。

在社交场合中，你扮演着朋友、上司、下属、同事、合作伙伴、竞争对手、爱人等社会角色。只要你处于人际关系当中，就需要与他人打交道，自然就需要了解他人的真实心理状态。因此，你迫切需要懂一点行为心理学。

如果你还在为自己不知道女友那些"耐人寻味"的小动作而苦恼，如果你还在为上司说话不算话而郁闷，如果你还在为某个朋友对你落井下石而郁郁寡欢……那么，我们建议你不妨读读这本书。

相信你读完本书，就能掌握行为心理学的精髓，从而正确解读他人的肢体语言。只要你能读懂他人的内心世界，那么你就能在日常生活中获得真挚的友情，得到贵人的帮助，防范小人的阴谋诡计；就能在职场中获得主管的重视，得到同事的友爱与下属的拥护；就能在情场中获得甜蜜的爱情与幸福美满的婚姻。

百智之首在于识人。在这个瞬息万变的社会，人心更善变，而且世间最难揣摩的便是人心。人生在世，我们谁都想自由自在地做人、和谐处事，但前提是要能识透人之心思，洞察人心真伪。所以，这就需要你练就一双看穿人心的慧眼，掌握一门读懂人心的学问。

不过，我们必须提醒读者，对他人身体语言所传递出来的资讯，千万不能死守教条，必须结合实际情境来解读，不要妄下结论。

因为即使是一模一样的身体语言出现在不同人的身上，意义也会有所不同。例如，一个活泼开朗且喜欢与人交往的女孩，她一般不会在乎与别人的身体距离，而且手势与表情可能异常丰富，甚至表情中带着甜蜜，但这并不能表示她钟情于你，只不过是性格使然。然而，换作一个性格内向的女孩子，当她做出这些动作时，可能就意味着她对你已经暗生情愫，主动表示好感了。

观察和分析他人小动作是我们读懂他人内心的核武器。希望本书能给那些不善于识人的读者指点迷津，在学会识人辨人方法的基础上，掌握为人处世的策略，不仅能让你在职场中如鱼得水，还能收获幸福美满的婚姻，最终达到无往不胜的高超境界。

C ONTENTS 目录

第四章

社交场合观人心，从他人在社交场合的反应看清其品性

第五章

说话讲究方法，透过说话来推测其人际关系

第六章

小处破解谎言，揭开说谎者的真实面目

第七章

兴趣透视人心，透过个人习惯爱好读懂他人的内心世界

第八章

服饰透露品位，透过服饰来揣摩一个人的品位

第九章

细节决定高度，透过细节摸清其工作态度

第一章

表情暗藏玄机，透过脸部表情揣摩其心情

　　脸部表情是一个人面部肌肉的一个或多个动作的结果。这些运动表达了个体对观察者的情绪状态。面部表情是非语言交际的一种形式。它是表达人际间社会资讯的主要手段，我们往往通过面部表情来揣摩他人心情。

1.露出满不在乎的表情表明其内心强烈不满

Q：今天，跟同事谈到一件事时，我以为他会伤心难过，谁知他露出一副满不在乎的表情，他真的不在乎吗？

A：这你可要注意了，露出满不在乎的表情并不是真的不在乎，恰恰相反，而是表明其内心强烈不满。

事　例

李英是一个十分聪明的女孩子，她为人和蔼可亲、处世圆滑，不管遇到什么问题，都能巧妙应对，因此深得同事们的喜欢。

有一次，她跟同事小张一起去见一位非常重要的客户。由于小张不小心说错话将客户得罪了，给公司造成了很大的损失。李英非常生气，把小张狠狠指责了一番。

她一向和蔼可亲，这是她有史以来第一次如此严厉地指责一个人。由于当时情绪过于激动，她说了很多难听的话。加上自己正在气头上，她只顾着发泄情绪，却一时忘了注意小张的神色。等她慢慢冷静下来以后，她才发觉自己说的话有点儿严重了。于是就赶紧去找小张。她以为小张此时也正在抱怨自己，气愤不已。没想到，她见到小张时，发现他脸上一点表情也没有。

李英见到小张满不在乎的表情后，心理更加忐忑不安了。她知道小张脸上这种看上去满不在乎的表情，其实是内心强烈不满的表现。如果不能及时消除他这种不满的情绪，他恐怕马上就要爆发了，到那时，同事之间的关系就会弄得尴尬不已。

读懂了小张的表情后，李英赶紧转变自己的态度，一改刚才那苛刻难听的语言，马上用温和的语气说道："对不起，刚才是我太鲁莽了，说了很多难听的话，希望你别介意，其实我知道你也不是故意的。假如你心里有什么不满，就说出来吧！说出来，心里会好受一点。"

听她这么一说，小张开始滔滔不绝地陈述自己的理由，而脸上的表情也随着他的"发泄"而渐渐舒缓了很多。等小张的表情恢复正常以后，李英估计小张的怒气也释放得差不多了。于是就对这次工作失误适时地做了一个总结，一场同事之间可能爆发的危机就这样化解了。

满不在乎的表情是不是真的不在乎？在职场中，你读懂了满不在乎表情背后的真正含义吗？

有一句话说："脸上的表情，天上的云彩。"这句话说来颇有道理，因为表情在大多数时候确实是内心的气压计，反映着一个人内心的真实想法。只要我们细心观察，就能从一个人的笑容中看出他的开心和快乐，从一个人的怒容中看出他的愤怒和不满，从一个人的愁容中看出他的哀愁和伤心。

　　然而，我们可以对一个人流露出的明显情绪做出判断，却无法了解那些脸上没有符号的表情。就像故事中的小张一样，露出一副满不在乎的表情。假如李英没有读懂小张表情背后所隐藏的含义，那么她就不能及时消除小张的不满情绪。等小张情绪爆发以后，同事之间的友好关系也即将破裂。

　　其实，懂心理学的人都知道，满不在乎的表情实际上是内心强烈不满的表现。因此，我们不仅要重视那些没有表情的表情，还要学会从中解读其背后的真实情感，不让自己被这种潜在的表情给欺骗了。

延伸阅读

　　脸上满不在乎的表情并不是表示真的不在乎，而是内心强烈不满的体现。如果发现某人对某件事或者某个人做出一副面无表情的样子，那么我们就要特别注意他的动向。这种表情可能隐藏着两种含义：

◎表示其内心强烈不满

　　如果一个人的愤怒达到一定的限度时，他的脸上不会呈现一脸的怒容，而是毫无表情。这是一个临界点，如果再任由其发展下去的话，下一刻就是他爆发的时刻。

◎表现极端无视

　　在某些时候，面无表情也是一种无视的表现。假如一个人对某个人、某件事极端无视，那么他的脸上会毫无表情。因为他根本不把眼前的人或事放在眼里，完全当他们不存在。所以也就不会对不存在的事物流露出任何表情了。

2. 视线游移不定表明其心神不宁

Q：为什么有些人在说话时，视线总是游移不定呢？

A：游移不定的视线表明他此时正心神不宁，很可能有什么事瞒着你哦，得多加小心！

事　例

小云跟小丽同一天进入公司，成为销售部门的一员。她们年龄相差不大，两个人很谈得来，在工作中也互相鼓励，互相帮助。时间一长，她们就成了无话不谈的好朋友，可谓情同姐妹。

有一天下班后，她们约定一起去吃肯德基，这一次是小云请客。买好汉堡后，她们面对面地坐了下来，一边吃汉堡，一边聊天。她们聊这一天的工作情况，聊公司的八卦新闻，聊新来的同事长得如何帅气阳光，聊上司如何的蛮横无理。在聊到上司时，小丽一声不吭，嘴巴吃着汉堡，眼睛却东看看、西望望，一副心不在焉的样子。

小云很快就发现小丽的情绪不对劲，于是就故意扳了扳她的脑袋，让她面对着自己。然而，让小云没想到的是，小丽看了自己一眼，又立即转移了注意力，好像不敢正视自己一样。

小云没再说什么，她想起一本书里说，如果一个人跟自己说话时，视线总是游移不定，不敢正视自己，那么她心里一定有不为人所知的秘密，害怕别人看出什么端倪来。想到这里，小云再次看了看小丽，发现她接触到自己的目光，又不由自主地将视线下移。小云虽然不相信书里所说的话，但感觉小丽一定有什么事瞒着自己。可是到底是什么事呢？

经过一番思索，小云坦白地问道："你今天怎么了，为什么视线总是躲躲闪闪的，是不是有什么事瞒着我。"

小丽一听，脸上露出了十分痛苦的表情。过了一会儿，她深吸了一口气说："那天，经理问我们去见客户的事。我一不小心说出了你给一位客户打折扣的事。说完，我才意识到事情的严重性。我害怕经理会责问你。所以，我害怕面对你。"

小云霎时想起有一次跟小丽一起去谈客户时，客户极力要求打折扣，自己执拗不过，就答应了客户的要求。没想到，这件事情竟然被经理知道了。然而，让小丽没想到的是，小云不但没生气，反而还拍着自己的肩膀说："没关系，下次小心点就好了。我们还是无话不谈的好姐妹。"

自己最要好的同事看自己时，视线总是游移不定，不敢正视自己，这是为什么呢？

　　视线是一个人心理的折射光，它能够反映一个人内心深处的欲望与情绪。如何从他人的视线中发现他此时的心理状态？其实很简单，在与他人交谈时，你只要稍加注意，就能发现对方的视线落在何处，从对方视线的落脚处就能发现他此时正处于哪种状态。

　　倘若他望向远处，表现出一副呆滞的神情，那么就表明他此时正处于情绪低落时，根本无心听你说话，之所以还坐在你面前听你说，不过是不想扫你的兴而已。倘若你正视他时，他却有意避开你的视线，那你就要注意了，因为不敢正视你的人心里大多有鬼。懂心理学的人都知道，当一个人打什么坏主意时，只要他一正视你，心里就会莫名的紧张。倘若你正视他，而他的视线却游移不定，看你一眼，又立即转移了注意力，你也需要注意了。因为游移不定的视线是心口不一的表现，表明他此时正心神不宁，可能说了什么言不由衷的话，害怕你看出什么端倪来。如果你仔细探究，可能会发现意想不到的秘密哦！

　　故事中的小丽因为自己说错了话，觉得对不起好友小云，因而看小云时，视线总是游移不定，不敢正视她。小云通过仔细观察，看出了端倪，推测小丽一定有什么事情瞒着自己。果然不出她所料，经过一番交谈，她弄清楚了小丽不敢面对自己的原因，因此及时消除了误会，挽救了自己的友情。

　　上面的故事告诉我们一个道理：在与同事交谈时，我们不仅要细细地琢磨他人言语背后的含义，还要多注意对方的视线，尽量从对方的视线中寻找突破点。

延伸阅读

◎视线向上表明其自信

一个人在说话时视线总是稍微向上，这说明他对自己的地位与能力充满了信心。这种视线大多属于领导人物或管制他人的工作者，在政治家中最为突出。

◎视线点落在远方表明其心不在焉

当你与对方谈话时，对方总是望向远方，这表明他此时心不在焉。很可能是对你无好感，或者对你说的话不感兴趣。通常来说，当你与别人谈话时，对方不正视你，或目光淡漠，就说明他对你不感兴趣或没有亲近感。

◎游移不定的视线表明其心神不宁

当你与对方交谈时，对方的视线总是游移不定、躲躲闪闪的，这就表明他此时正心神不宁，害怕你看出什么端倪来。

◎异性突然避开你的视线表明其关心你

有时候，某位异性的视线使你产生一种烧灼的感觉。可是，当你的视线与之相碰时，对方却故意移开，这表明对方很关心你，甚至有暗恋你的倾向。

◎视线朝下表明其胆小怯懦

当你与对方交谈，发现对方悄悄地将视线往下移时，你应该揣摩出他心里此时正处于一种怯懦的状态，非常紧张。这是因为他已经意识到你是他强大的对手，或者你们在年龄、社会地位上有很大的悬殊。

◎视线直视是敌对的表现

当你与对方交谈时，对方直视你则表明他正受到某种强大的打击，或者正怀有强烈的敌对心理。

3. 鼻子胀大表明其内心恐惧

> Q：今天，我看到女同事谢莹从经理办公室出来时，鼻子变得异常胀大。我不知道她为什么会有这样的举动？
>
> A：鼻子胀大表明其内心恐惧，一定是经理说了或者做了什么让她感到恐惧的事。你还是远离她比较好，否则她会迁怒于你。

事　例

一天，孙平下班时，看见女同事谢莹一脸沮丧地从经理办公室走了出来。他仔细一看，发现她眉头紧锁，鼻孔胀大，鼻翼翕动，正处于极度恐惧之中。

孙平出于好心，本想跟她打个招呼，顺便问问她怎么了，但她好像没看见自己一样。于是，孙平就伸手从后面拍了拍她的肩膀，谁知谢莹转过身来，顿时火冒三丈："你想干什么，离我远点！"谢莹在说这话时，鼻孔变得异常胀大，并睁大眼睛瞪着他。

孙平一下子愣在了原地，久久没有回过神来。他怎么也没想到，一向温柔可爱的谢莹竟然如此火冒三丈。过了好一会儿，他才挤出几个字来："我看你心情不好，我只想跟你打个招呼，我没别的意思。"

谢莹深深地吸了一口气，眼泪哗的一下流了出来。孙平手无足措地问道："你怎么了？到底发生了什么事？"

过了好一会儿，谢莹才说道："我准备辞职了！"

孙平似乎一下子明白了，他以前总是听同事们说，经理个人行为不检点，不时骚扰女同事。以前他还不相信，现在他相信了。同时，他也为自己刚才鲁莽的举动后悔不已。其实从她胀大的鼻孔中就能够看出谢莹正处于恐惧中，自己伸手拍她的肩膀反而加剧了她内心的恐惧。难怪她会对自己大发雷霆。如果大声叫她，她也许就不会发这样的无名火了。

在与同事相处中，你是否也遇到过这种情况，你伸手拍对方肩膀，好心与他打招呼，却换来对方一顿无名火？

鼻子在我们脸部的中央位置，虽然表情非常少，但是由于它位于整个脸部的正中间，所以有"承上启下"的作用。从医学的角度来说，鼻子是呼吸的主要通道。人内心情绪是否稳定，都会引起呼吸的变化，而呼吸的变化又会影响到鼻子的外形与色泽。

一般来说，在相互交流中，一个人的心理活动往往会从鼻子的变化中显示出来。例如，皱起的鼻子通常表示对一种事物的厌恶；轻蔑的时候则"嗤之以鼻"；愤怒的时候鼻孔胀大、鼻翼翕动……由此可见，鼻子也有自己丰富的"语言"，大家不妨从对方鼻子细微的变化中透视他的心理。

故事中的孙平虽然注意到了女同事谢莹鼻子的细微变化，从她胀大的鼻孔知道她处于恐惧中，但他太过大意，并没有仔细揣摩谢莹为何如此恐惧，更没有想到自己的举动会加剧女同事谢莹内心的恐惧之情。如果他及早想到这点，就不会惹来一顿无名之火了。

因此，在与同事的交往中，我们要学会透过观察对方的鼻子，洞悉其心理活动。

延伸阅读

鼻子的表情虽然很少，但一个人的心理活动往往也会从鼻子的变化中显示出来。因此，在与同事的交往中，不妨通过观察对方鼻子来洞悉其心理活动。

◎鼻子变色表明其畏缩不前

鼻子的颜色不常发生变化，但是如果鼻子整个泛白，就表示对方的心情一定畏缩不前。如果是交易的对手，或无利害关系的对方，便不要紧，多半是他踌躇、犹豫的心情所致。例如，交易时不知是否应该提出条件，或提出借款而犹豫不决时的状态。

◎鼻子胀大表明其恐惧

通常人的鼻子胀大是表现愤怒或者恐惧，因为在紧张的状态中，呼吸和心律跳动会加速，所以会产生鼻孔扩大的现象。不过，鼻孔也会因为兴奋而胀大。因此，"呼吸很急促"一语所代表的是一种得意状态或兴奋现象。

至于对方鼻子有扩大的变化，究竟是因为得意而意气昂扬，还是因为抑制不满及愤怒的情绪所致？这就要从谈话对象的其他反应来判断了。

◎鼻头冒汗是内心焦躁的表现

有时这只是对方个人的毛病，但平日没有这种毛病的人，一旦鼻头冒出汗珠时，应该说就是对方心理焦躁或紧张的表现。如果对方是重要的交易对手时，必然是"急于达成协议，无论如何一定要完成这个交易"的情绪表现，因为唯恐交易一旦失败，自己便失去机会，或招致极大的不利，就使心情焦急紧张，而陷入一种自缚的状态。因为紧张，鼻头才有出汗的现象。

4.眼睛往下垂表明其鄙视对方

> Q：我是刚到职的新员工，当我跟一位同事说话时，我发现他的眼睛总是往下垂。他为什么会出现这样的举止呢？
>
> A：跟对方说话时，他的眼睛总是往下垂说明他看不起你。作为一名新员工，你可要努力做出业绩来，让他对你刮目相看。

事 例

吴晓莉是销售部刚就职的一名新员工，她性格外向，活泼可爱。一到公司，见到同事就微笑着跟他们打招呼，大多数同事都报以微笑。

然而，离她座位最近的一位同事，见到她的微笑，却没有任何反应。由于彼此的座位离得很近，午休时，吴晓莉便主动找这位同事聊天。

"您好！我叫吴晓莉，我是新来的同事。"吴晓莉微笑着向她自我介绍。

"您好！"这位同事神色冷漠地回答。

吴晓莉感到十分不解，这位同事说"您好"时并没有正视她，而是眼睛往下垂，好像在看下面的东西。

"请问你来公司多长时间了？"吴晓莉依然柔声柔气地问道。

"五年！"同事说这话时，语气里充满了傲慢无礼的感觉。

"哦！"吴晓莉见他对自己不冷不热的样子，便及时地打住了。

坐在电脑旁边，吴晓莉郁闷不已。本来想跟老同事学点儿经验，没想到却碰了一鼻子灰。她突然想起自己刚才心中升起的疑惑，于是挥舞着手指在百度上查了起来，一查答案就出来了。原来，眼睛往下垂是轻蔑对方，看不起对方。当时，吴晓莉暗暗下定决心：我一定要努力工作做出业绩来，等我做出业绩时，看你还敢不敢轻看我？

皇天不负苦心人，在她的努力下，两个月后，就签下了三张订单。这让同事们都刮目相看，那位原本轻视她的同事，这时也笑着对她竖起了大拇指。

刚走进一家新公司，你对这里的一切都是陌生的。当你努力跟一个同事说话时，但他的眼睛却总是往下垂，你是否也感到迷惑不解呢？

孔子曰："观其眸子，人焉瘦哉！"这句话的意思是说："如果想要观察一个人，就要观察他的眼睛。因为人的眼睛直接表达了他内心的想法、欲望与情绪。"

爱默生曾说过这样一句话："人的眼睛和舌头所说的话一样多，不需要字典，却能从眼睛的语言中了解整个世界。"事实确实是这样，眼睛是心灵之窗，而这扇窗无时无刻不向外界传播着内心世界的种种资讯。

故事中的吴晓莉在与同事说话时，发现同事眼睛总是向下垂。她不知道眼睛向下垂所隐藏的含义。为了解开心中的疑惑，她去网络搜寻，终于找到了答案。知道这位同事轻蔑自己，她虽然生气，但更懂得争气。透过坚持不懈的努力，终于让那位同事刮目相看。消除了对方的轻蔑心理，跟他相处起来自然不成问题。假如吴晓莉当时没有弄清楚眼睛向下垂的含义，那么那位同事可能会一直用这种眼神来看她。

从上面的故事得知，如果想要知道一个人内心的思想，那么就观察他的眼睛，从他的眼睛中得到答案。

延伸阅读

眼睛是一个人的心灵之窗，一个人的想法通常会由眼神流露出来。如果想要观察一个人，就要从他的眼睛开始。

◎眼睛上扬

眼睛上扬，上睫毛极力往上压，几乎与下垂的眉毛重合，造成一种令人难忘的表情，传达着某种惊怒的表情。

◎眼睛眨动

眨眼的系列动作包括连眨、超眨、睫毛振动等。连眨发生在快要哭的时候，代表一种极力抑制的心情。

◎眼睛往上吊

这种人心里藏着不可告人的秘密，喜欢有意识地夸大事实，他们性格消极，不敢正视对方。

◎眼睛往下垂

这个动作有轻蔑对方之意，或者就是不关心对方的情形。会做这种动作的人一般个性冷静，本质上只为自己设想，是任性的人。

5. 眼睛里溢出晶莹的泪珠也是一种高兴

Q：今天是情人节，午休时，女同事白珊眼睛里突然溢满了晶莹的泪珠。我以为她跟她男友分手了，便去安慰她，没想到她却大声笑了出来。

A：人不只在痛苦、难过的时候流眼泪，在高兴、感动的时刻，也会流眼泪。白珊流泪很可能是被男友感动得哭了，而不是因为难过而哭！

事 例

一年一度的情人节来临了，浪漫与兴奋弥漫在办公室里。大家早上一见面时，都微笑着祝对方情人节快乐。

柳菇是一个非常漂亮、可爱的女孩，同事们都非常喜欢她。这一天原本是开心、快乐的日子。然而下班后，其他同事都陆续走了，她却趴在办公桌上哭了起来。

尚志强是公司行政主要负责人，他看到柳菇大哭，有些不明所以，以为她失恋了，男朋友在这个特殊的日子里选择了分手。于是来到她面前，问道："你怎么哭了？"

柳菇抬头一看，发现是尚志强。她急忙抹干了眼泪，用带着哭腔的语气笑着说道："我没什么啊！"

尚志强抓了抓自己的后脑勺，很不解地问道："没什么事，怎么还哭了呢？你今天怎么没去约会啊？是不是跟男朋友分手了？"

尚志强一连串的问话让柳菇哭笑不得，柳菇知道他误会自己了，便笑着说："在今天这个特殊的日子里，我高兴还来不及呢？怎么会哭呢？"

"我明明看见你的眼睛里有眼泪。"尚志强穷追不舍地问道。

柳菇摸了摸自己的眼角，发现眼角处果然还残留着泪水的痕迹。她有些不好意思地说："我这是高兴的眼泪，不是难过伤心的眼泪啊！"

尚志强转过身去自言自语道："我只知道一个人伤心难过时会掉眼泪，还不知道高兴时也会掉眼泪呢！"

柳菇捂着嘴巴偷偷地笑了。原来男友发信息告诉她，今天晚上要给她一个惊喜。他不仅为她准备了玫瑰花、巧克力，还准备了一枚精美的戒指。难怪她会高兴得掉眼泪。

在职场中，你是不是也这样误解过同事？他明明是高兴到了极点而掉眼泪，而你却认为他遇到了什么伤心难过的事而流泪。

大多数人都知道，一个人伤心难过时会哭泣。然而，让很多人不能理解的是，一个人在高兴激动时，也会使眼泪流出。就如故事中的尚志强一样，不理解柳菇为什么要哭。

　　高兴激动时为什么会哭呢？这是因为人体里的自律神经系统是一套专管内脏器官、腺体分泌、心脏跳动的神经系统。在这个系统里，有两类功能不同的神经：交感神经和副交感神经。这两种不同的神经互相合作，一起管理着人体里的许多生理活动。眼泪是眼眶里的泪腺分泌物，属于交感神经和副交感神经共同管理下的一个部分。当人们高兴激动时，交感神经兴奋，就会使人流出眼泪来，但数量很少。

　　假如故事中的尚志强知道了人在高兴激动时哭的原因后，也许就不会误解柳菇了。同事之间和睦相处，除了要关心对方，还需要读懂对方的肢体语言，可别像故事中的尚志强一样，将对方的高兴误解为伤心难过，闹出了一个笑话。然而，这不只是一个笑话，更告诉我们：读懂他人细微反应背后隐藏的秘密是一件多么重要的事。

延伸阅读

　　人在伤心难过时会哭，在高兴激动时也会哭，在恐惧时还是会哭……如何读懂眼泪里的含义，我们一起来看看：

◎伤心难过时通过哭发泄情绪

　　一般来说，哭是伤心难过的一种表现，因为人的承受能力有一定的限度，一旦超过限度，心理将无法承受。而哭常常是人内心极度痛苦做出的外在流露，是自我保护的方法。当一个人陷入可怕的忧虑和绝望状态时，既不想吃，也不想睡，这时，想办法让他大哭一场，就能减轻他的痛苦。

据一些学者说，人在哭的过程中，脑垂体会释放出内啡肽（又称"脑内啡"），会排出大量的眼泪，而眼泪里含有导致痛苦的有害化学物质。人们透过哭泣把眼泪排出来，就是排出了不良情绪。因此，人就会感觉轻松许多。

◎ 高兴激动时哭

眼泪是眼眶里的泪腺分泌物，属于交感神经和副交感神经共同管理下的一个部分。当人们高兴激动时，交感神经兴奋，就会使人流出眼泪来，但数量很少。

6. 抬高右眉，表示其内心正怀疑某事

Q：有一天，我向主管汇报工作时，他为什么要抬高右眉呢？

A：上司抬高右眉表明他并不相信你所说的话，由此可知，上司很怀疑你，你可要好好表现啊！

事 例

一天，财务部经理小吴拿着一摞厚厚的档案，准备向总经理汇报这一个月的工作。他走进办公室时，总经理正忙于批阅文件。

总经理抬头看了他一眼，便示意他先坐一会儿。小吴坐在旁边的沙发上，不由自主地翻了翻自己手里的资料。总经理斜着眼睛看了看他，便继续批阅档案。

过了好一会儿，总经理才招呼小吴递上他的文件。小吴立即递上文件，然后毕恭毕敬地站在旁边。

"这个月公司进账多少？"总经理翻了翻文件，头也不抬地

问道。

"一百二十万五千多。"小吴用非常洪亮的声音回答道，颇为自豪。

听到小吴的回答声，总经理不由自主地抬高了右边眉毛。不过，他很快又恢复了平常表情，并用十分平静的语气问道："哦，那这个月公司支出多少？"

小吴注意到总经理抬高的右眉很多次，但他并没有太在意。这次也不例外，依然大声地回答道："五十一万六千多。"

听到小吴的回答，总经理又抬高了右边眉毛，但他依然面不改色地说道："嗯，不错！继续努力！希望下个月再创佳绩。"

小吴以为总经理是在鼓励他，高兴不已，便开心地回到了自己的办公室。然而第二天上班，他却接到了被辞退的通知。

小吴很不服气，想去向总经理问个清楚，但是却被总经理的助理挡在门外。总经理助理很气愤地说："你真是一点儿都不知趣，总经理早就怀疑你了，他一直派人暗中调查你。结果发现你每一次报上来的账目跟实际账目都有出入。"

小吴一下子瘫坐在地上。

在职场中打拼的你，是否用心留意过你的上司曾经不由自主地抬高右边眉毛呢？双眉上扬是表达欣喜之情，但抬高右边眉毛又表示什么意思呢？

美国社会心理学家琳·克拉森曾透过大量相关的试验来考察一个人性格与脸部神情的关系。他发现人们很难隐藏或者改变脸部的细微变化，而这些变化又最能透露人的所思所想。因此，他认为眉毛最能透露一个人的心声。

是的，眼睛是心灵的窗户。而在人的脸上，离眼睛最近、关系最密切的非眉毛莫属，因此，有人巧妙地将眉毛称为"心灵的窗框"。因此，在现实生活中，如果我们注意观察，就能观察出眉毛因为感情的波动而产生变化。例如，当一个人心平气和时，眉毛基本上呈水平状；当一个人高兴时，会因为心情愉悦而双眉上扬；当一个人烦躁时，眉毛就会皱在一起……

故事中的小吴虽然注意到了总经理的眉毛变化，但遗憾的是，他却没有读懂抬高右边眉毛所包含的意思。其实，抬高右边眉毛传达的信息介于扬眉与低眉之间，既不是兴高采烈，又不是心情沮丧，这表明他对你说的话持怀疑态度，并没有真正地相信你。

假如故事中的小吴解读了总经理抬高右眉的含义，早一点儿发现总经理已怀疑自己，也许他就能及时住手，最终也不会被辞退。

延伸阅读

◎扬眉

当一个人双眉上扬时，表示非常欣喜或极度惊讶。单眉上扬时，表示对别人所说的话、做的事不理解或有疑问。

◎皱眉

皱眉的情形有防护性与侵略性两种。防护性的皱眉只是保护眼睛避免受到外面的伤害，但光皱眉还不行，还需将眼睛下面的脸颊往上挤，眼睛仍睁开注意外界动静。这种上下挤压的形式，是面临外界攻击、突遇强光照射、强烈情绪反应时典型的退避反应。

至于侵略性的皱眉，其基点仍是出于防御，是担心自己侵略性的情绪会激起对方的反击，与自卫有关。真正侵略性的眼光应该是瞪眼直视、毫不皱眉的。最常见的皱眉，往往被理解为厌烦、反感、不同意等情形。

◎耸眉

耸眉指眉毛先扬起，停留片刻，然后再下降，耸眉与眉毛闪动的区别就在那片刻的停留。耸眉还经常伴随着嘴角迅速且短暂地往下一撇，脸的其他部位没有任何动作。

耸眉所牵动的嘴形是忧伤的，有时它表示的是一种不愉快的惊奇，有时它表示的是一种无可奈何。此外，人们在热烈地谈话时，会做一些小动作来强调所说的话，当讲到重要处时，也会不断地耸眉。

◎斜挑

斜挑是两条眉毛中的一条向下，一条向上扬起，这种无声语言，在成年男子脸上较常见到。眉毛斜挑所传达的资讯介于扬眉与皱眉之间，半边脸显得激昂，半边脸则显得恐惧。扬起的那条眉毛就像提出了一个问号，反映了眉毛斜挑者怀疑的心理。

◎闪动

眉毛闪动，是指眉毛先上扬，然后在瞬间再下降，像流星划过天际，动作敏捷。眉毛闪动的动作，是全世界通用的表示欢迎的信号，是一种友善的行为。

眉毛闪动除了作为欢迎的信号，如果出现在对话里，则表示加强语气。每当说话者要强调某一个词语时，眉毛就会很自然地扬起并瞬间落下。

7. 双眼紧闭表明其心不在焉

Q：今天跟一位客户洽谈时，我滔滔不绝地向他介绍我的产品，但他却紧闭双眼，好像睡着了一般。让我郁闷不已。

A：客户双眼紧闭很可能是他对你的产品不感兴趣，故意表现出一副心不在焉的样子。如果你确定对方毫无购买诚意的话，最好中断谈话。

事 例

赵云飞是一名手机推销员。一天，他联系了一位客户，向客户大力宣传自己的产品。经过详细的介绍，客户要求他带一些手机样品前来洽谈。

按照约定的时间，他带着手机样品早早地来到客户办公室。然而让他备感失望的是，客户并没有按照约定的时间前来，迟到了一个小时。

赵云飞隐隐约约感觉这次签单不会像自己想象中的那么容

易。一见到客户，他就双手递上了自己的手机样品。客户接过样品，看了起来。

站在一旁的赵云飞自顾自地介绍道："这是一款新上市的手机产品，它质优价廉，外壳精美无比……"

客户轻轻放下样品，有些不以为然地说道："我觉得它跟市场上的产品差不多，并没有多大的优势。"

赵云飞一听，便急忙介绍自己产品的与众不同之处："你看，我们这款产品颜色种类多，有白色的、粉色的，还有浅红的。手机功能也很多，能放音乐、照相、上网，还可以看电视，更重要的是去吃肯德基时还可以无线上网……"

赵云飞滔滔不绝地介绍自己的产品，丝毫没有注意到客户已经闭上了双眼。不知过了多长时间，赵云飞问道："如果你能一次进货 500 个，我可以便宜 10 元钱卖给你。"

然而，赵云飞久久没有听到客户的回音。他回头一看，发现客户正紧闭双眼，仿佛睡着了一般。望着客户那双紧闭的双眼，他知道客户对自己的产品已完全失去了兴趣。再多说不过是浪费唇舌。因此，他便开口说道："李总，你今天太累了，我还是先回去吧！改天再跟你详谈。"

赵云飞很郁闷地从客户公司走了出来。站在楼下，望着客户办公室的窗户，不禁叹了一口气："这个客户真是太难捉摸了。"

客户的心思真的那么难以捉摸吗？在与客户洽谈时，你是否也遇到过客户紧闭双眼的情况，你是怎么解决的呢？

对一个人来说，睁眼、闭眼都是十分常见的眼部动作。一般情况下，人在白天总是睁着眼睛，除非极度疲惫时，才会闭上眼睛稍作休息。假如一个客户对你的产品十分感兴趣，那么他不仅会保持正常的眨眼状态，甚至还会把眼睛睁得大大的，最大限度地吸收光亮，把你的产品看得更清楚，或者获取更多的资讯。相反，如果客户对你的产品不感兴趣，就会表现一副心不在焉的样子，不自觉地闭上双眼。

很显然，故事中的客户对推销员的产品不感兴趣。因此，当赵云飞滔滔不绝地介绍产品时，客户却不自觉地闭上了双眼。赵云飞注意到了客户的动作，深知自己无法让客户睁开双眼，只好告辞离去。所谓"买卖不成仁义在"，也许下一次还有合作的机会。

所以，在客户紧闭双眼时，要么像故事中的赵云飞一样，选择落荒而逃，要么就想方设法打破沉默的僵局，让对话继续下去。假如你确信客户已毫无购买诚意，就不要再多费唇舌。假如客户对你产品的品质持怀疑态度，那么你不妨提供一些证明资料，例如有效、权威的认证资料，以消除客户的疑虑。

但不管怎么样，作为推销员，我们都必须尊重客户，绝不能强行辩解，更不能批判客户的观点。只有正确的工作态度，才能成为一名合格的推销员。

延伸阅读

睁眼、闭眼是十分常见的眼部动作，但在不同情况下，闭眼却代表了不同的含义。我们一起来看看：

◎休息时会闭眼

从生理学的角度上来说，一个人疲惫时便渴望小憩一会儿。在小憩时，双眼自然会闭上。

◎遇到危险时会闭眼

当一个人遇到危险时，就会不由自主地闭上眼睛。由此可知，闭眼这个动作还暗示了一个人想要保护自己的心理。

◎受到胁迫时会闭眼

当一个人感觉自己受到了胁迫，或者碰到了自己不喜欢的人或者物时，就会主动闭上眼睛。这种动作主要是想透过阻断视线，避免让自己看到不想看的东西。所谓"眼不见心不烦"指的就是这个意思。

◎心不在焉时会闭眼

如果一个人想要表示对你的轻蔑、生气，甚至听到不喜欢的声音，都会闭上眼睛。这个动作表示对方也许是心不在焉，也许是对你起了疑心，也许是对你表达不满。

本章小结

1.露出满不在乎表情的人

露出满不在乎的表情并不是真的不在乎，反而是内心强烈不满的表现。见到他人露出满不在乎的表情时，要找到他内心不满的原因，并想办法消除其不满。

2.视线游移不定的人

游移不定的视线表明他此时正心神不宁，害怕你看出什么端倪来，很可能有什么事瞒着你哦！面对这种情况，要弄清他隐瞒了什么事情。

3.鼻子胀大的人

鼻子胀大表明其内心恐惧不已。如果你见到鼻子胀大的人，千万不能做出让他感到更害怕的事，否则就会加重他内心的恐惧感。

4.眼睛往下垂的人

与他人说话时，他的眼睛总是往下垂说明他看不起你。要想与这样的同事友好相处，就需要用成绩证明自己的实力，让对方刮目相看。

5. 眼睛里溢出晶莹泪珠的人

眼睛里溢出晶莹泪珠并不一定代表悲伤，有时候也代表高兴。在与他人相处时，不要误解对方眼泪所表达的意思哦！

6. 抬高右眉的人

如果你跟一个人说话时，他抬高右眉表明其并不相信你所说的话。由此可知，对方还很怀疑你，你可要好好表现啊！

7. 双眼紧闭的人

如果你跟一个人谈话时，对方双眼紧闭，这表示他对你不感兴趣，故意表现出一副心不在焉的样子，所以你最好中断谈话。

第二章

姿态彰显素养，透过个人姿态看穿其个人素养

姿态是身体呈现的样子。从中国传统的审美角度来看，人们推崇姿态的美高于容貌之美。而一个人的姿态往往体现不同的素养，我们仔细观察，就能透过他人的姿态来揣摩其个人素养。

1. 两脚并拢站立的人乐于助人

Q：我发现我的邻居在站立的时候，总是喜欢将两脚并拢，我觉得他这个动作真滑稽。

A：先别笑，这个人很可能是你的贵人。一般来说，在站立时喜欢将两脚并拢的人乐于助人。在你困难时，他很可能会出手助你一臂之力！

事 例

卫芬是一个很有企图心的女人，大学毕业后，她努力工作，希望能做出一番事业出来。可是，不管她怎么努力，事业依旧不见起色。经过反思总结，她觉得自己很努力了，但依然一事无成，最重要的原因就是自己没有遇到贵人。因此，卫芬开始苦苦寻找贵人。

在卫芬看来，贵人就是那些比自己有钱、地位高，能给自己帮助与指导的人，因此，她想尽办法去接触这类人，见到那些有能力的人就眉开眼笑，见到那些开着宝马的人就热情地打招呼……对于那些跟自己地位一样，甚至比自己地位更低的人，卫芬则视而不见，甚至还看不起他们。

卫芬有一个表弟由于家境贫穷，初中还没上完就辍学了，后来出来打工跟人学做装修。卫芬一直看不起这位表弟，连自己结婚也没有告诉他。

转眼两年过去了，卫芬买了新房，需要装修。可是她对装修一窍不通，让别人做又不放心。正好表弟在外做装修已经好多年了，想到这么合适的人选，她自然高兴了。可是，一想到自己对表弟的态度，她心里便打起了退堂鼓。但不管怎么样，她还是决定试一试，于是就请表弟来家里做客。

那天，一听到敲门声，卫芬就立刻打开门。当她看见表弟两脚并拢、双手背在背后，毕恭毕敬地站在门外时，她心里的一块石头一下子就落了地。因为从表弟站立时喜欢两脚并拢这个动作，她揣摩出表弟是一个乐于助人的人，肯定不会拒绝自己。因此，当表弟吃过饭后，卫芬便提出请求。果然不出所料，表弟二话不说就答应了，并且在接下来的几个月里为她家装修忙进忙出、跑前跑后，而她有了表弟的帮忙也就放心许多。

三个月后，看着装修完工后瘦了一圈的表弟，卫芬心里真的很过意不去。她怎么也不会料到，关键时刻竟然是这个不起眼的表弟帮了她的忙，而平时被她仰视的那些"贵人"此刻又在哪里呢？从这件事情中，她悟出了一个道理：其实真正的贵人也许就在自己身边，只要用心观察，就能从他们的言行举止中发现谁是自己的贵人。而那些所谓的贵人纵然什么都比自己好，但是未必肯帮自己。

悟出这个道理后，卫芬又发现要做出一番事业，不仅需要得到那些比自己能力强的人的帮助，还要得到那些比自己能力低的人的拥抱。只有这样，方能做出一番成就。

你对"贵人"的定义是什么？是不是也像故事中的卫芬那样，认为那些有身份、有地位的人才是你的贵人？

一般人将"贵人"定义为：贵人就是那些能耐特别大、门路特别广，关键时刻能帮自己大忙的人。这样的定义虽然谈不上错，却有很大的局限性。那些位高权重，能呼风唤雨、掌控大局的人虽然能在事业上助我们一臂之力，但是我们未必能获得他们的帮助，有些甚至离我们太远，根本无法成为你的"及时雨"。相反地，那些在我们周围的人只要乐于助人，当我们遇到困难时，他都会伸出援助的双手。因此，这些人何尝不是你的贵人。

其实，真正能够帮到你的人往往就在你的身边。贵人不在于有多"贵"，而在于有多"近"，远水救不了近火的道理谁都懂，因为真正的贵人就要带给你实实在在的帮助。所以我们在寻找贵人时，不要好高骛远，也许真正的贵人就在你身边。

故事中的卫芬就犯了这样的错误，总是认为能帮助自己的贵人是那些位高权重的人，结果，真正给予自己帮助的人却是自己一直忽视，并且看不起的表弟。寻找贵人时不分位阶尊卑没有错，但是，有一点儿必须注意：所谓"慧眼识俊杰"，在寻找贵人时，一定要识别贵人与小人。故事中的卫芬之所以请求表弟帮忙，是因为她观察到表弟双脚并拢的动作，揣摩出表弟乐于助人，断然不会拒绝自己的请求。假如表弟记恨如仇，不喜欢帮助别人，那么他不仅不会答应卫芬的请求，很可能还会将她奚落一顿。假如这样，卫芬一定会尴尬不已。因此，我们在寻找贵人时，不仅要打破位阶尊卑的束缚，还一定要擦亮双眼，寻找到能真正帮助自己的人。

延伸阅读

脚是人身体最诚实的部位，在很多场合下，脚的不同习惯动作表达出一个人不同的心理活动。仔细观察一个人的脚，将可从你周遭的人群中寻找到自己的贵人。

◎交叉的双脚表明其紧张

如果某人把一只脚踝放在另一只脚踝上，说明此人经常隐瞒事情。他可能隐瞒的是某种情感或者消息，透过这种姿势好让自己不要把相关消息泄露出去。

这种动作还说明某人很紧张。人们经常在要去厕所的时候有这个动作，其实这是一种掩饰自己的方式。乘客们因为飞机起飞而感到很紧张或者很不舒服的时候，也会经常有这个动作。

◎双脚自然站立的人爱出风头

如果有人将双脚自然站立，偶尔又抖动一下双腿，有时则会双手十指紧扣在腹前，大拇指来回搓动，这种人往往表现欲特别强，喜欢在公共场合大出风头。一般情况下，人的心理在处于紧张状态时，通常两腿便会不自然地抖动，或者用脚轻轻地敲打地面，而人在准备表现一下自己时会进入紧张状态。

◎ **两脚并拢的人乐于助人**

有些人自然站立时喜欢两脚并拢，并且喜欢将双手背在背后。这类人大多在感情上比较急躁，但大都乐于助人，他们很少对别人说"不"，常常是有求必应，所以这类型的人一般都能与人融洽相处。

◎ **自然站立时，左脚在前的人敦厚笃实**

假如一个人喜欢双脚自然站立，并且左脚在前，左手习惯地放在裤子口袋里，则表明这个人的人际关系相对较为协调。他们从来不给别人出什么难题，为人也敦厚笃实。这类型的男人给人的第一印象总是斯斯文文的，平常也喜欢安静的环境，不过一旦碰上比较气愤的事，他们也会暴跳如雷。

2. 嘴角向上挑的人胸襟开阔

> Q：我以前跟我的一个同学打架，他为此还受到了学校的处罚，没能上高中。我这次去请他帮忙，他会帮我吗？
>
> A：他会不会帮你主要看他的心胸。倘若他心胸宽广，自然会帮助你；若心胸狭窄，肯定不会帮你。有时候，有些过节的人依然是你贵人！

事 例

有一天，姜小华的母亲突然中风，被送到了市中心医院。当时，医院患者太多，床位不够。姜小华的母亲只好被安排在走廊设置的临时床位。由于当时正值春寒料峭时分，姜小华很清楚人必须保暖。倘若让母亲在走廊上过夜，那么很可能会加重病情。孝顺的他在医院走廊里急得直跺脚。

就在这时，姜小华的一个同学赶过来了，见到这种情况建议道："要不然我们去找医院里的外科主任吧！他可是我们中学时的同学。"

姜小华一听高兴不已，便急忙问道："谁啊？你快说啊！"

那位同学支支吾吾地回答道："就是当年跟你打架的那个同学。"

"跟我打架？"姜小华迅速转动脑筋，努力回想当年跟自己打架的同学。

"你忘记了，当年你们打架，他受到学校的处罚，没能考高中。就去上了一所职业学校。没想到他蛮厉害的，现在竟然当上这家医院的外科主任了。"同学一口气地说道。

姜小华一听，不由得打了一个冷战。当年因为自己的过错，害得他错失上高中的机会。想起来真是后悔不已。他急忙摆了摆手说："那不行，那不行，他怨恨我还来不及呢，怎么会帮我呢？"

那位同学想了想说道："那也不一定，这得看他是一个什么样的人。假如他心胸宽广，早已放下仇恨的话，他肯定会帮你。"

"这么多年没见了，我怎么知道他变成了什么样的人呢？"姜小华很担心地说道。

"那我们进去观察一下再说吧！"那位同学建议道。

"观察？观察什么？"姜小华被那位同学拉着，来到外科主任的办公室。

主任的办公室里有很多人，姜小华的那位同学站在门边，仔细观察着这位主任的一举一动。很快地，他发现这位主任在说话时，嘴角总是喜欢向上挑。注意到主任这个动作，那位同学立即高兴地对姜小华说道："这位主任是一个心胸宽广的人，他不会恨你的，你去找他帮忙吧！"

姜小华疑惑不解地问道："你怎么知道？"

"你先别问这么多了，去吧！"

姜小华硬着头皮去找那位主任帮忙。没想到主任见到他，高兴得不得了。当他说明来意时，对方立即答应了，并打电话跟有关单位协调，很快帮他母亲调到一间高级病房。

那些曾与你产生过矛盾的人能成为你的贵人吗？也许很多人都认为不能，其实，只要你仔细观察，发现对方心胸宽广，那么他就能确实地帮助你。

嘴唇是很多身体语言的一个重要信息暗示点，它最显而易见的功能是说话。但嘴唇在我们的生活过程中经常会呈现不同的嘴形与动作，跟我们的情感心理紧密地联系在一起。例如，嘴唇向前撅的人心理持怀疑态度、嘴唇往前噘的人则防御心较重、嘴巴抿成"一"字形具有坚强的意志力、嘴角上挑的人心胸开阔……

当你发现一个人嘴角喜欢向上挑时，就应该努力与他建立良好关系。因为嘴角向上挑的人心胸开阔，不太会跟你计较得失，更不会记仇。即使你们曾经有什么仇恨，在你需要帮助时，他也能放下仇恨帮助你。不管是朋友、同学，或者是仇人，能不能成为你的贵人，关键点就是你要确定对方是一个心胸宽广的人。故事中的外科主任曾是姜小华的同学，同时也是他的仇人。姜小华的另一位同学为什么能断定这位既是同学又是仇人的外科主任，一定会帮助姜小华母亲换病房呢？是因为这位同学观察后发现外科主任的嘴唇喜欢向上挑，从这个动作中，他断定外科主任是一个心胸宽广的人，不会记仇，因此才会鼓励姜小华去请求那位外科主任帮忙。

上面的故事告诉我们一个道理：在我们的生活周遭处处都有贵人，关键在于我们如何区分对方是贵人还是小人。因此我们必须练就一双慧眼，仔细观察对方的行为动作，从而准确识别对方。

延伸阅读

◎嘴唇向前撇的人心理持怀疑态度

一个人的下嘴唇向前撇，表示他对接收到的外界信息持不相信的态度，并且希望能够得到肯定的回答。

◎嘴唇往前噘的人防御心较重

一个人的嘴唇往前噘，表示这个人的心理可能正处于某种防御状态。

◎嘴巴抿成“一”字形的人具有坚强的意志力

大多数人在做重大决定时，都会把嘴巴抿成“一”字形。他们一般都比较坚强，具有坚持到底的顽强精神，会勇敢面对困难，不会临阵退缩。他们有不到黄河心不死的决心，因此获得成功的概率比较大。

◎嘴角上挑的人心胸开阔

嘴角上挑的人机智聪明，性格外向，能言善辩，善于和陌生人主动打招呼，并进行亲切的交谈。他们胸襟开阔，有包容心，不会记恨那些曾经伤害过他们的人。有非常良好的人际关系，在最困难的时候常常能够得到他人的支持与帮助。

3.抽烟时伸直拇指顶住下巴的人前途无量

Q：不同的人拥有不同的抽烟动作，我的长官在抽烟时总喜欢伸直拇指顶住下巴，这个动作有什么含义吗？

A：抽烟时喜欢伸直拇指顶住下巴的人具有阳刚之气，勇于挑战工作，前途无量，属于高级管理人员。他可能是你的贵人哦！

事　例

袁杰在一家制造企业从事销售工作。有一次，一位客户小王想从他们公司购买一批产品。这位客户不是公司的老总，而是跟他一样，只是一个小小的业务员。小王长得很矮小，有南方男人的秀气，却缺少北方男人的霸气。

袁杰一开始见到小王时很藐视他的身高，但为了洽谈业务，他依然礼貌待之。当小王签下订单后，袁杰便打算离去。不料就在这时，小王却拿出一支烟抽了起来。他发现这位客户在抽烟时喜欢伸直拇指顶住下巴。

袁杰愣住了，他曾在某本书看到一句话："抽烟时喜欢伸直拇指顶住下巴的人，具有阳刚之气，勇于挑战工作，前途无量，是做高级管理人员的材料。"想到这里，袁杰打消了离去的念头，又开始与对方交谈了起来。

"你进你们公司多久了？"

"我今年上半年才进公司的。"小王微笑着回答道。从他的微笑中，袁杰知道一看就知道他是刚入职场不久的新人。

袁杰拍了拍他的肩膀说："年轻人好好工作，将来一定前途无量。"

"嗯，谢谢。"小王有些不自然地回答道。

后来，袁杰一有时间就经常约这位客户出来聊天，慢慢地，他们彼此熟悉了，成了无话不谈的好哥儿们，同时也成了他的贵人。在袁杰的带领下，小王有很大的进步，加上他自身的努力，勇于挑战困难的工作，一年后就晋升为市场部的经理。

从那以后，小王每次都从袁杰所在的公司订购产品，并且还介绍其他朋友来购买。这给袁杰带来了丰厚的利润。

有些客户刚入职场，虽然没有丰富的工作经验，但只要他敢于挑战工作，有足够的工作热情，就会前途无量，所以这类人也是我们的贵人，我们要做的就是用双眼发现对方的潜力。

一些行为心理学家透过研究发现，抽烟动作是一个人处理各种生活压力、表达喜怒哀乐，以及各种感情的重要表现。透过观察我们发现，不少男士借由抽烟缓解紧张、调节情绪。尤其是在气氛压抑的谈判桌上，不同的人有不同的抽烟姿势，而不同的抽烟姿势又反映出一个人不同的心理活动。例如，抽烟时伸直拇指顶住下巴的人对工作有热情；嘴上叼着烟工作的人渴望得到他人认可；略扬起头、以嘴角抽烟的人比较有发展。

故事中的袁杰通过观察客户小王抽烟的动作——抽烟时喜欢伸直拇指顶住下巴，发现他对工作的热情和勇于挑战工作的勇气。因此，判断小王大有前途，于是便与之建立起良好的关系，使他成为自己工作中的贵人。

上面的故事告诉我们一个道理：贵人并不是指那些位高权重的人，有些人目前虽然没有取得任何成就，但他有潜力，终有成功的一天。在成功的那天，他自然就成了你的贵人。其实这样的人就是潜在的贵人，所以在寻找贵人时，不妨观察一下你身边男士的吸烟动作，从他们这些动作中，你将更清楚了解他的内心世界，更容易找到自己的贵人。

延伸阅读

心理学家认为，吸烟是一个人内心矛盾、思想冲突的一种外在显现。通过观察一个人抽烟与拿烟的习惯性动作，我们能揣摩出其心理活动，从而识别谁才是我们的贵人，我们一起来看看：

◎抽烟时伸直拇指顶住下巴的人前途无量

抽烟时伸直拇指顶住下巴的人具有强烈的阳刚气，不服输，对工作中的竞争更有热情,对困难的工作具有强烈的挑战心。前途无量,属于高级管理人员。

◎嘴上叼着烟工作的人渴望得到他人的认可

嘴上叼着烟工作是对自己的工作带有自信的象征。假如这个人的能力没有受到旁人的认可,他们会强烈反抗或意志消沉。

◎略扬起头以嘴角抽烟的人比较有发展

略扬起头以嘴角抽烟的人对自己的工作具有强烈的信心,可能成为某项事业的专家。不过,他们处事过于勉强又自视过高,通常与同事格格不入,但即使发生纠纷或失败,也具有突破难关的冲劲,将来比较有发展。

◎抿着下唇抽烟的人性格稳定

抿着下唇抽烟的人性格稳定具有适应性,不会引人注目。他们处事虽非轰轰烈烈却极少失败,能按部就班地努力前进而获得成功。进公司一两年内,很少有发挥自我才能的机会,三四年后才渐渐受到上司的信赖。不过,这种人欠缺工作主动性。

4.边看书边吃饭的人野心勃勃

Q：我有一个同事总喜欢一边看书，一边吃饭，这习惯不好，慢吞吞的，每次都要我等他好长一段时间，真希望他能改掉这一习惯。

A：吃饭的习惯从小就形成了，哪能那么容易改掉。边看书边吃饭的习惯不好，但这个习惯表明这个人野心勃勃，将来很可能成就一番大事，也可能成为你的贵人。

事　例

陈磊是一家电子公司的老员工。论资历，全公司上下再也没有比他资历高的人，他工作态度很好，但工作能力一般。因此一到提拔时机，都被别人抢尽先机。为此，陈磊郁闷不已。

也许是自身心情不好的缘故，陈磊跟公司一位同事吵了一架。这天中午，同事小李叫了一份便当，他吃饭时总喜欢看书，看到好笑的内容时，总会情不自禁地笑出声来。这天也不例外，他一边吃着饭，一边翻着书，看到好笑的内容时，便大声笑了出来。听到同事小李的笑声，陈磊总觉得很刺耳。因此，不由分说就跟小李吵了一架。

晚上回到家，陈磊倒头就睡。妻子见到他这样便关心问道："你今天怎么了？怎么回来倒头就睡啊？"

"跟同事吵架了！"陈磊用被子蒙着头说道。

"怎么跟同事吵架了？"妻子继续问道。

"他一边吃饭，一边看书，还时不时地大笑。我听着他的笑声特别刺耳。所以，就吵了起来。"

妻子将陈磊从被子里拽了出来，温柔地说道："你知道你今天得罪的是谁吗？"

"不就是同事小李吗？"陈磊想都不想地回答。

"错，你今天得罪的是你未来的长官。"妻子慢慢地回答。

"你别乱说，他怎么可能是我未来的长官呢？"陈磊很不以为然地说。

"懂行为心理学的人都知道，一边看书一边吃饭的人代表野心勃勃，将来很可能成就一番事业。这样的人有能力，以后自然能得到提拔。你说你得罪了未来的长官，还有可能被提拔吗？"妻子提醒道。

陈磊一想觉得很有道理。第二天一到公司，他就给同事小李赔礼道歉。小李为人大度，很快就原谅了他。半年后，小李因为能力突出被提拔为主管。没过多久，陈磊也被提升为组长。在被提升的那一刻，他才知道原来被提拔的长官都提携自己的亲信。

在职场中，跟同事有所争执是难免的事。可是你不知道的是，有时候因为一时情绪得罪的不是你的同事，而是你未来的长官，更是你"潜在的贵人"。

吃饭是我们生命中不可或缺的一项活动，人只有吃饭，才能维持生命。所以，吃饭是一个人从出生到死亡一直持续做的一件事情，吃饭的习惯也是从小就养成。然而不同的人吃饭的姿势各不相同，而不同的吃饭姿势又反映了不同的心理面向。如果你仔细观察你周围人吃饭的习惯性动作，也许还能找到你的潜在贵人哦！

故事中的陈磊由于不懂行为心理学，对同事小李边吃饭边看书的习惯动作感到气愤不已，进而吵了一架。然而，他怎么也没想到，这个喜欢边吃饭边看书的小李竟然是自己"潜在的贵人"。幸亏妻子的提醒，陈磊才意识到自己所犯的错误，抓住了改正的机会。最后因为得到这位"潜在贵人"的帮助，他才得以提升。

也许有人会说，你说的那些"隐形长官"能够成为主管只是一个偶然，其实这是一个必然。只要你平常多多观察他们的行为举止，你就能断定他们将来一定能取得一番成就。在发现"隐形长官"后，我们就应该想方设法地和他们维持好关系，成为他们跟前的红人，把他们变成我们的潜在贵人。等到他们被提拔的那一天，我们得以提升的机会也即将来临。

因此在职场中，我们不仅要把现有的主管当成我们的贵人，我们更要把一些"隐形长官"当成我们的贵人。由于他们还处于"隐形"阶段，因此我们需要多观察他们的行为举止，巧妙地发现我们的贵人。

延伸阅读

吃饭是我们生命中不可或缺的一项重要内容，人只有吃饭，才能够维持生命。吃饭也是一个人从出生到死亡一直持续做的一件事情，但是，每个人吃饭的姿势却各不相同。有关行为心理学专家指出：不同的吃饭姿势反映了不同的心理面向。我们一起看看：

◎站着吃饭的人

那些喜欢站着吃饭的人并不特别讲究吃，他们会尽自己最大努力讲求方便、简单，既省时又省力，只要能填饱肚子就行了。这类人在生活中并没有太大的理想和追求，很容易满足，他们性格温和，懂得关心别人，为人也很慷慨。

◎边做边吃的人

那些边做边吃的人的生活步调很快，因为他们有许多事情要做，所以表现得也比较繁忙，但他们并不为此感到烦恼，甚至还觉得很高兴。

◎边看书边吃饭的人

边看书边吃饭的人是那种为了活着才吃饭的人，他们吃饭只是为了满足身体的需要。假如不吃饭仍然可以活着，那么他们会放弃这件既耽误时间又浪费精力的事情。这类人野心勃勃，并且也有具体的计划能使自己的梦想变成现实。他们总把自己的时间表排得满满的，为了能够做更多的事情，他们千方百计地挤压时间。他们还拥有积极向上的乐观精神，会将想法付诸行动。

◎边走边吃东西的人

边走边吃东西的入虽然给人的感觉是来匆匆去匆匆，好像十分紧张。不过实际情况则不一样，他们紧张很有可能是因为他们自己缺少组织和纪律而造成。这样的人大多容易冲动，也会经常意气用事，常把事情搞到不可收拾的地步。

◎喜欢一边看电视一边吃饭的人

喜欢一边看电视一边吃饭的人大多比较孤独，电视也许是他们消除内心孤独的方式之一。

5. 签名向右的人善于交际

Q：有一个朋友要我跟他一起做生意，可是我听说签名向上的人志向远大，而他的签名却向右。他真想做生意吗？

A：他当然想做生意。签名向右的人拥有良好的人际关系，而做生意需要的就是人际关系，这充分说明他早就做好准备了。

事 例

彭海波是一位上班族。一天，他的一位朋友来找他商量，希望他能跟自己一起做生意。彭海波对这位朋友并不是很了解，因此犹豫不决。

为了安全起见，彭海波决定花几天时间好好观察一下这位朋友的为人与做事风格。经过几天的观察，他发现这位朋友的人品没什么问题，而在与人交往时，他表面上热心参与，实际上却置身事外，借此全盘进行缜密的观察和了解。朋友这种为人处世的方法让彭海波感到很不解，因此他依然犹豫不决。

这天，朋友带彭海波去洽谈业务。在签合约时，彭海波发现朋友签名向右。彭海波一下子明白了朋友的用意，原来这是他成为社交高手的高明之处啊：他很细心地关注别人的一举一动，从而掌控事情发展变化的所有细节与过程。

人脉就是钱脉，做生意最需要的就是拥有良好的人际关系，如此一来，还有什么好犹豫的呢？于是，彭海波答应了朋友的请求。

果然不出他所料，一年后，他们就开始赚钱了。几年后，公司日益壮大，作为股东之一的彭海波也住上了新房，开上了宝马。在年终会上，彭海波向朋友举起酒杯说道："这杯是我敬你的，你真是我的大贵人。因为有你的帮助，我才有今天啊！"

仔细观察朋友的一举一动，认真揣摩他们的心理活动，大胆预测他们的未来。也许从他们的举止中，能发现你的贵人哦！

有一句话说："朋友是一生的财富。"事实确实如此，从某方面来说，朋友也是我们的贵人，不仅能促进我们事业发展，在我们需要帮助时，还会伸出援助之手。所谓"近朱者赤，近墨者黑"，在结交朋友时，我们要慎重选择。在与朋友共事时，我们更要慎重考虑，要考察朋友的做事风格。假如两人观念相差太远，那么在做事的过程中，自然就会产生矛盾，也很难取得成功，到那时候彼此都可能不再是朋友了。所以，我们在与朋友共事时，一定要先从各方面去了解他的为人处世。

故事中的彭海波就非常谨慎，在答应与朋友共事时，他亲临现场，透过观察朋友签名的姿势断定他是一名社交高手后，才考虑合作。皇天不负有心人，这位朋友最终成了他的贵人。

签名虽然是一个不起眼的动作。但它作为一个人的身份记号，在很多时候，我们都需要告诉对方名字，以扩大自己的交际圈。因此，签名成为人们生活中的一项重要内容。

延伸阅读

签名有大有小，千姿百态，除了透露签名者个人信息，还能体现签名者的性格。我们一起来看看：

◎签名向上的人胸怀大志

签名向上的人一般都怀有雄心壮志。他们不畏辛劳，积极向上，坚定执着地实现自己的理想，想尽办法排除自己道路上的障碍。荣誉和鲜花是这些人的所爱，他们对世间的一切享受都非常热衷。他们之所以坚持不懈地努力，就是为了得到这些。他们在成就大事时，也将灾难带给了别人。

◎签名向下的人不够自信

签名向下的人通常都被认为是消极和等待的人群，他们总是一副有气无力的样子，犹如大病初愈，似乎饱经世间的沧桑和磨难。这种人对未来没有任何幻想，自信心严重不足。在看到别人取得成就时，他们可能会受到鼓舞，一下子热血沸腾起来，但激情很快就会消失，转眼就与人随波逐流。

◎签名向左的人爱恨分明

签名向左的人一般喜欢创新和追求不同凡响，不喜欢按照常规办事。如果他们喜欢某个人，就会热情周到；如果厌恶某个人，就会冷酷到底。他们在陌生人面前直言不讳，喜欢表现自我，同时他们本性认真诚恳而又不失幽默，因此他们是大众情人。

◎签名向右的人拥有良好的人际关系

签名向右的人在日常生活中表现出十足的信心，他们热情洋溢，积极向上，在别人面前总摆出一副充满朝气、和蔼亲切的样子。他们是社交高手，在人际交往过程当中经常主动向别人靠拢，因此别人也会以笑脸欢迎他们，并与他们融洽地交往。

6. 喜欢把手背在身后的人沉稳、老练

> Q: 我们公司新来了一位上司，他看起来其貌不扬，但总是喜欢把手背在身后，没有一点儿亲近感，我们看到他就想躲得远远的。
>
> A: 俗话说："人不可貌相，海水不可斗量。"在看人时，千万别以貌取人，喜欢把手背在身后的人沉稳、老练，这种人很容易做成事，也许他是你的贵人。

事 例

张旭是一家公司的市场主管。前几天，公司市场部经理辞职了，张旭暗自猜想着：经理一辞职，那么主任就会升为经理，而自己很可能被升为主任。可是让他没想到的是，几天后，公司聘请了一位新的经理。

这位新上任的经理其貌不扬，走路时弯着腰。上班时，还喜欢把手背在身后走来走去，让人看了很不舒服。张旭一开始就不喜欢这位新上任的经理，看到他这个举动更加反感，因此

他便刻意远离这位新上任的经理，对工作也是"做一天和尚，撞一天钟"。他敢肯定，这位新上任的经理不可能做出什么业绩，有可能很快就被撤换。可是，他的同事王宇飞却非常喜欢这位经理，只要是经理交代的工作，他都会好好完成。为此，张旭还嘲笑他："就你把他当作经理，把他的命令当作皇命一样执行。你也不看看他那副模样。"王宇飞只是笑笑，什么也没说。

时间一天天过去了。某天，总经理突然宣布："王宇飞从今天起担任公司市场部经理。"大家你看看我，我看看你，不明所以。原来新聘请的市场经理并不是真的，而是董事长亲自临时代替，他这样做的目的就是想从公司现有的员工中提拔人才。

这件事情以后，张旭很不服气地质问王宇飞："你是不是一开始就知道他是董事长？所以才格外讨好他。"

王宇飞笑着说："我可不知道这件事，做好工作本来就是我的职责。不过，我看见他把手背在身后，我就知道他是一个做事谨慎、成熟老练的人，像这样的人很可能有一番成就。"

张旭听了王宇飞一番话，若有所悟地点了点头。

在职场中，不要小瞧那些其貌不扬的人，那些人很可能就是你的贵人。

俗话说："人不可貌相，海水不可斗量。"生活中很多人往往喜欢以貌取人，看到那些长得丑，或言行举止不够文雅的人，他们便投以鄙视的眼神。然而，命运总是喜欢捉弄人，你鄙视的人也许正是你的贵人。

故事中的张旭以貌取人，对新上任的经理有偏见，对他交代的工作也很懈怠，而且断定这样的经理不可能做出什么业绩。王宇飞则与之相反，不仅对新上任的经理充满了崇拜之情，还对他的安排表现得十分配合，并完成他交代的工作，王宇飞当然会获得经理的信任与肯定。

然而，命运却跟张旭开了一个玩笑，新上任的经理不但没有走人，而且还是公司的董事长。他为了从员工中寻找到市场经理的合适人选，故意丑化自己。以貌取人的张旭自然就落选了，而王宇飞自然成为市场经理的最佳人选。毫无疑问，张旭错过了他的贵人，而王宇飞却抓住了，关键在于他注意到了新上任经理将手背在身后的举止。因为将手背在身后象征着权威、自信与力量。

上面的故事告诉我们一个道理：不要看不起那些其貌不扬的人，而应该仔细观察他们的行为举止，从中发掘自己的贵人。

延伸阅读

针对双手放在背后这一肢体语言，心理学上将其归纳为以下几种心理现象，我们一起来看看：

◎双手放背后显示地位

在社交场上，有些人为了显示自己的身份、地位，让自己显得更有权威性，尤其是一些主管级的人，为了在气势上震慑他人，使对方陷入自己的掌握之中，通常会做出双手放背后这一动作。

◎双手放背后表明其处事谨慎

在社交场合中，将双手放背后的人往往十分谨慎。这种人在听了对方的话语之后，通常会在有限的范围内将双手放在背后，一边踱步，一边思考对方的问题。他们做事情或做决定一般都会比较慎重。

◎双手放背后是为了掩饰自己的浮躁

有些人原本是莽撞、浮躁的人，但在社交场合中，为了不让对方看出自己的缺陷，他们就故意模仿别人做出双手放背后的动作，以此掩饰自己的缺陷。

◎双手放背后是顽固、坚定的表现

一般情况下，一些老年人喜欢做出双手放背后的动作，这是他们具有顽固、坚定心理的反映。因为大多数老年人的思想都比较顽固，在看问题的时候总喜欢坚持自己的看法。每当他们因为自己的看法和别人发生冲突的时候，通常会做出双手放背后的动作。

本章小结

1.两脚并拢站立的人

一个在站立时喜欢将两脚并拢的人乐于助人。在你困难时，他很可能会出手助你一臂之力。

2.嘴角向上挑的人

嘴角向上挑的人胸襟开阔，这种人一般不喜欢记仇，总是能原谅别人的过错。

3.抽烟时伸直拇指顶住下巴的人

抽烟时喜欢伸直拇指顶住下巴的人具有阳刚之气，敢于挑战工作，前途无量，属于高级管理人员。他可能是你的贵人哦！

4.边看书边吃饭的人

吃饭的习惯从小就形成了，没那么容易就改掉。边看书边吃饭的习惯不好，但这个习惯表示这个人野心勃勃，将来很可能成就一番事业。

5. 签名向右的人

签名向右的人拥有良好的人际关系，而做生意需要的就是人际关系。这充分说明他早就做好准备了。

6. 喜欢把手背在身后的人

俗话说："人不可貌相，海水不可斗量。"在看人时，千万别以貌取人，喜欢把手背在身后的人沉稳、老练，这种人很容易做成事。

第三章

动作隐含秘密，
透过肢体动作揭露其内心

　　中国古代有句名言："人需要接近看看，马需要骑着看看。"我们透过仔细观察一个人的小动作，就能进一步揭露对方内心秘密。在与他人交往时，可不要小看一个人的小动作哦！小动作里可藏着大秘密。

1. 抓摸下巴表明其正在考虑如何决定

Q：今天与一位客户洽谈时，他很认真听我说话，可又不时地抓摸下巴。这代表什么意思呢？

A：对方认真听你说话表明他对你的话题感兴趣，而抓摸下巴表示对方正在考虑如何决定，不妨给他一些意见吧！

事　例

任海峰是一家公司的推销员，他所在的公司经过几年的研发，终于制作出一种硬度十分大的玻璃产品。

这天，任海峰带着产品资料，找到一家经销商。那位经销商很客气地接待了他，对他的产品似乎表现出兴趣，因此便邀请任海峰来办公室详谈。

"我们这款玻璃产品在以前的基础上，得到了很大的提升。首先硬度比市面上的产品更大，更耐用。其次，我们这款玻璃产品的外观印有花纹而且更漂亮。最后，我们的价格更优惠。"

任海峰跟这位经销商面对面地坐在一张桌子上，详细地为他介绍公司新上市的玻璃产品的优点。而眼前的这位经销商一边认真倾听任海峰的介绍，一边将手放在下巴正下方，将大拇指与其他手指分开，轻轻抓捏下巴，还时不时地轻轻摩擦。当任海峰讲完以后，经销商开始抓摸下巴。

任海峰看到他做这个动作，一个主意在他的脑海中浮现。他曾看过一本心理学方面的书，书里说一个人抓摸下巴表示他正在考虑如何做决定。于是，他拿出样品对那位经销商说："也许你怀疑我们公司产品的品质，也许你会说一分钱一分货，哪有物美价廉这么好的事。但我现在就证明给你看，你确实买到了物美价廉的好东西。"说完，就拿一只锤子对着一块玻璃产品用力地砸下去。

"你做什么……"话还没说完，经销商看到结果竟然松开双臂站了起来。因为他看见被锤子砸的玻璃没有丝毫破损。

在签单时，客户意味深长地说道："你说得没错！在你介绍产品时，我确实在考虑我应不应该相信你的产品。每一位推销员都会说自己的产品有多好，我相信你也不例外，而且你的价钱还那么优惠，所以这让我更怀疑。不过我现在相信你的产品了，因为你用事实证明你的产品品质确实很好。"

就这样，任海峰成功签下一张订单。

在与客户洽谈时，你有没有发现客户抓摸下巴这一个动作？是否读懂了它背后所隐藏的含义？

大家都非常熟悉罗丹的雕塑《沉思者》，它成功塑造了一个强有力的男子形象。这个男子弯着腰，屈着膝，右手托着下腭，好像是在思考着什么。这个雕像揭露了人类在思考时常做出的一个动作：抚摸或托着下巴。

是的，当我们与他人交流时，只要我们仔细观察，我们就能发现对方时不时地抚摸下巴。抚摸下巴可大有玄机，在与客户洽谈时，如果你读懂了对方这个肢体动作背后的秘密，那么一分钟拿下订单不再是梦。

故事中的任海峰之所以能成功签单，是因为他从经销商抓摸下巴这一动作中读懂了他犹豫不决的心理。既想买，又害怕上当受骗。针对客户这种心理，任海峰毫不犹豫取出锤子，向玻璃砸去，以证明玻璃的硬度。任海峰正是用事实向客户证明自己的产品品质确实很好，从而消除了客户的疑虑，最后成功签下了订单。假如他当时没有注意到经销商这抓摸下巴这一个动作，或者没能解读出经销商抓摸下巴动作的含义，也许他就会错失成功签单的机会。

上面的故事告诉我们一个道理：在与客户洽谈时，别忽略了客户抓摸下巴的动作。解读这个动作，你会获得意想不到的收获哦！

延伸阅读

人们在思考时，都会不自觉地做出一个动作：抚摸或者托着下巴。当你跟他人交流时，发现交流对象不时地抚摸他的下巴。

你知道这代表什么意思吗?

◎轻轻托着下巴表示其正在认真倾听

当你跟一个人说话时,对方静静地平视你,一只手却不自觉地轻轻地托着下巴,好像正在消化你的观点。这表明他正在认真倾听你说话。你可以放心地把自己想说的话都说出来,不用担心。

◎抓摸下巴表示对方正在思考如何做决定

当你与一个人说话时,对方将一只手放在脸颊旁边或者下巴正下方,将大拇指与其他手指分开,轻轻抓捏住脸颊或下巴,还时不时地轻轻摩擦下巴。对方的姿势告诉我们:他一边倾听,一边思考你的观点正确与否。然后,根据自己的判断做出肯定或者否定的决定。当他开始抓摸下巴时,这表明他正在思考如何决定,需要他人给出一点意见。

◎抬高下巴是藐视他人的姿态

抬高下巴总是给人一种藐视他人的高傲姿态。我们在抬头挺胸走路时,要学会察言观色,遇到同事要主动点头打招呼,露出谦和有礼的笑容。否则,我们很容易因为高高扬起的下巴而得罪他人。

2.双手摁住膝盖表明对方有意起身离开

> Q：今天，我跟客户谈得正尽兴时，突然发现他双手摁住膝盖，好像正要起身离开一样。
>
> A：双手摁住膝盖表明对方有意起身离开，他的大脑里已经做出有意离开的准备。如果你注意到了客户这一举动，应该尽快中断谈话。

事　例

陈成是一名销售人员，王总是他的一位老客户，他们认识很久了，彼此非常熟悉。有一次，陈成跟王总约好时间，准备拿一些新的样品给王总看。那天，陈成按照约定好的时间准时出发了，然而让陈成始料未及的是，他走到半路才发现没带手机。尽管已经快到王总公司了，但他想跟王总蛮熟的，迟到一会儿也没关系，于是又折回去拿手机了。

然而，出乎他意料的是，在他匆匆赶往王总公司时，王总在他进门的前三分钟接了一通电话，他母亲从四川前来看他。

母亲年老，又不熟悉路线，因此他必须去机场接她。

王总匆忙收拾好东西，正准备离开时，陈成却敲门进来了。王总想说简单看一下他带来的材料，应该不会耽误太长时间。于是重新坐回办公椅上。

陈成一到就立即递上了自己的材料。王总接过材料看了起来，他突然发现一些新的设计，而这些设计不是一时半刻能解释清楚的。他一着急，就不由自主地将双手摁在膝盖上，一只脚在前，一只脚在后，膝盖弯曲，一副准备起跑的姿势。

陈成本来坐在办公桌一边，这时他想要站起来跟王总解释产品，但是他注意到王总的动作。他立即明白王总一定有什么事急需处理。他又瞥见办公桌上有一个收拾好的小皮包，因而更加确信了自己的猜测。于是陈成放下手中的资料，微笑说道："王总，您是不是有什么急事要去办啊？我想我耽误了您的时间。我们的事情改天再谈吧，您先去忙。"

王总如实说出了实情，陈成一听，赶紧道歉。王总随即站了起来，很感激地说："谢谢你的理解，那我们改天再约个时间谈吧！今天真抱歉，让你白跑一趟。"

在与客户洽谈时，你有没有注意客户的膝盖与腿部动作？如果你能捕获对方膝盖及腿部动作，那么就能发现客户潜藏的其他资讯了。

尽管人的腿与膝盖距离人的大脑比较远，但很多时候它们的动作确实能反映人最真实的心理状态。根据英国心理学家莫里斯的研究，人体中越是远离大脑的部位，其可信度越大，也就是说，人的腿和膝盖做出的动作，更能真实地反映一个人内心的态度。

故事中的销售员正是因为注意到了王总双手摁住膝盖这一动作，并透过这一动作读懂了王总的心理状态，进而针对王总的心理，及时中断了谈话。如此一来，既排解了王总着急的心情，又令王总对自己刮目相看。假如陈成并没有揣摩出王总的心理，等王总愤然离开时，也许这一桩生意就此画上了句号。

在与他人交谈时，很多人都会有意识地控制和掩饰自己的内心情绪，尽力不让它在脸上表现出来，但很多时候总会忽略对腿和脚的控制。因此，腿和脚就没有学会撒谎的本事。所以在与客户洽谈时，不仅要认真倾听客户说话，还要学会注意他的肢体语言，千万别忽略了他的腿部动作。

延伸阅读

一个人的膝盖隐藏了许多秘密，如果你仔细观察，你会发现意想不到的资讯哦！

◎双手交叉放在膝盖上表示其持观望态度

一般来说，在与客户洽谈时，如果对方还没做出最后的决定，就会把双手交叉着放在膝盖上，双腿交叉在膝盖以下，采取一种观望的态度。这是一种中立姿势。如果你注意到了客户这一动作，那么不妨继续洽谈，直到客户答应为止。

◎十指交叉放在膝盖上表示其感到很无聊

假如你与客户交谈时，对方先把头转开，并慢慢地将身体转开，还不由自主地将十指交叉在一起，并且放在膝盖上。这表明对方感觉很无聊。如果你注意到客户这一动作，最好中止谈话。

◎双手摁住膝盖的人想要起身离开

双手摁住膝盖是一种非常清楚的信号，这说明他的大脑已经做好了结束此次见面的准备。当你与客户洽谈时，如果注意到了客户这一动作，那么最好及时结束自己的谈话，千万不要拖延。因为客户很可能有更重要的事情要去完成。

3.脚尖踮起表示愿意合作

　　Q：今天在跟客户谈判时，发现他坐在椅子前端，脚尖踮起，这是表示愿意合作的意思吗？

　　A：是的。当客户坐在椅子前端，并将脚尖踮起，表现出一种殷切的姿态，这就表示对方愿意合作。如果你善加利用，双方就可能达成互惠的协定。

事　例

　　唐斌是一家咨询公司的市场经理。有一次，公司有一位非常重要的客户需要去洽谈。总经理便把这项任务交给他。

　　唐斌按照约定的时间早早来到约定地点——一家高档的咖啡厅。一见到客户，他非常热情地与客户握手，给客户留下了良好的第一印象。

　　待双方坐定后，唐斌便将公司的资料与自己的名片一并递给客户，并详细讲解公司的业务流程。客户一边看资料，一边开心地说："早就听闻贵公司管理制度非常完善，今天听你这么一介绍就知道果然名不虚传，能与你们合作真是一大幸事。"

唐斌听客户这么说，心里自然乐得像开了花，也笑着说道：

"是啊！我也早就听闻李总您了，今天能跟您面对面地交谈，也是我的一大幸事啊！既然如此，那您看看我们的合约……"

客户摆了摆手说："不急，不急！我们先喝喝咖啡，聊聊天。"

客户这句话让唐斌捉摸不透，他不知道客户心理到底怎么想的，是不想让自己难堪，让自己退出，还是他比较谨慎，希望多花一些时间了解详细一些。就在唐斌百思不得其解时，他突然注意到客户桌下的双脚。他发现客户坐在椅子上，脚尖踮起。这一发现让他欣喜不已，他知道对方心里也渴望签订合约，但可能还存有一些疑虑，需要再证明什么，只要善加利用，双方就可能达成互惠的协定。

因此唐斌笑着说道："是的，是的，这样的机会真的很难得。我们得好好聊一聊。"

在聊天的过程中，唐斌发现客户的话题总是围绕公司聊，例如，公司去年盈利多少，公司现在的人员状况，等等，唐斌都一一作答。

最后，客户果然拍着唐斌的肩膀说道："跟你洽谈业务真是一件很愉快的事，我们现在看看合约吧！"说完，拿过合约就签上了自己的名字。

当客户的话语让你捉摸不透时，你有没有注意他的肢体语言，也许从这里你能找到自己想要的答案。

　　脚尖的方向不但表示此人想去的方向，还表示对所指向的人感兴趣。脚尖虽然距离人的大脑最远，但很多时候所反映出来的却是一个人最真实的心理状态，所以腿和脚是一个人最真实的身体部位。一个人的脸部表情可能可以欺骗别人，但他们的脚却不可能。因为我们从小在父母的教育下，就学会了控制自己的脸部表情，学会了强颜欢笑，而往往忽略了对脚的控制。

　　一些心理学研究发现，假如一个人的情绪高涨，身体就会不自觉地做出背离重力方向的动作，例如，脚尖着地、脚跟抬起或者脚跟着地、脚尖抬起，这都是情绪积极的表现；相反地，如果人的情绪不高，甚至兴趣全无，身体就会不由自主地横向移动，或者干脆选择离开。如果你仔细观察一个人的脚部动作，就能发现意想不到的秘密。

　　故事中的唐斌正是因为发现了客户脚尖踮起这一动作，才从他这一动作中读懂了客户还有所顾忌的心理。他巧妙地利用客户这一心理，最后成功签下了订单。假如他当时忽视了客户脚尖踮起这一动作，也许就错过了这次的机会。

　　在与客户谈判时，如果你注意到了客户这一动作，那么不妨善加利用，促使双方达成互惠的协定。

延伸阅读

　　脚尖距离人的大脑最远，但很多时候所反映出来的却是一个人最真实的心理状态。假如你仔细观察，就能发现对方潜藏的其他资讯。我们一起来看看：

◎脚尖从对向自己转向门表明其想离开

心理学家认为，脚部转动的方向，尤其是脚尖转动的方向，是表明对方是否想要离开的最好信号。在与客户交谈时，假如你发现客户的脚已经不再对着自己，而是向另外一个方向转动，或者是指着门的方向，这意味着他想要离开了，你就应该识趣地意识到其中可能出了什么问题，不要再继续"麻烦"对方了。

◎频繁地踢脚表示对方拒绝

美国心理学家罗伯特·索马透过实验证明，当一个人被他人过多入侵内心世界时，最初的拒绝方式是频繁地踢脚尖。在与客户洽谈时，假如你发现你的客户开始踢脚尖了，你就应该明白，对方已经开始心不在焉，甚至是开始抗拒和拒绝了，这时候你最好转换话题。

◎用脚尖点地板意在警告你别再前进

在与客户洽谈时，客户不断用脚尖点地板就是在向你发出警告：不要再过来了，否则别怪我不客气。此时，你就应该保持这个距离不动，不要继续侵犯他的"领地"，与其步步逼近，不如给客户一个安全距离。

◎一只脚的脚踝搭在另一条腿的膝盖上表明其不服输

在与客户洽谈时，客户一只脚的脚踝搭在另一条腿的膝盖上，就表明他此时正抱着不服输或争胜的态度。你的推销或者解说还没打动他，需要更进一步解说。

◎脚趾向上跷起表示其心情愉悦

当一个人心情不错，或者听到什么令自己高兴不已的事情，就会不由自主地将脚趾向上跷起来，并指向天空，而脚跟还处于着地状态。如果见到客户做出这种动作，就表明对方对你的产品很感兴趣。

◎坐在椅子前端脚尖跷起表示其愿意合作

在与客户谈判时，当对方身体坐在椅子前端，脚尖跷起，呈现出一种殷切的姿态，这就表示对方愿意合作，产生了积极的表现。如果你善加利用，双方就可能达成互惠的协定。当你与一个人谈判时，如果发现对方有这种动作，不妨稍作让步，如此一来，你们的谈判会令双方都满意。

4. 女孩儿双腿交缠是顺从的标签

> Q：今天，我向她告白了，可是她却一点儿表示也没有，只是低着头，看着自己交缠的双腿。
>
> A：双腿交缠是顺从的标志，她已经给了你回复，你怎么还不知道？

事 例

前一阵子，公司来了一位女同事，她的名字叫田菲，长得乖巧可爱，温柔善良，很安静。任雪峰对她一见钟情。

也许是忙于工作，这位女同事见到任雪峰只是微笑打招呼，好像没有什么特别的表示。这天情人节，一下班，任雪峰就等在办公室门外，约田菲吃饭。

田菲答应了他的请求，与他一起来到公司附近的一家餐厅吃饭。在吃饭的过程中，任雪峰给田菲倒水、夹菜，并不时献殷勤。从田菲满意的微笑中，任雪峰知道自己表现不错。

吃完饭后，他们聊了起来。从小时候上学的一些趣事聊到工作的种种乐事，从生活中的点点滴滴，聊到人生的种种体悟。在聊天的过程中，他们有一种相见恨晚的感觉。

聊着聊着，任雪峰拿出早已准备好的玫瑰花递给田菲，温柔地说道："也许你不相信世界上有'一见钟情'，但我相信。从我见到你的那一刻起，我就喜欢上你了。"

田菲接过玫瑰花，脸上露出了甜蜜的笑容。但却什么也没说，只是低着头，望着地上。四周一片寂静，他们两个人都沉默不语。就在这时，任雪峰不经意地伸了一下脚。没想到，他们两个人不小心碰到了对方的脚。两个人立即收回，尴尬地笑了起来。这时，任雪峰注意到田菲将双腿交缠。

突然，任雪峰意识到了什么。他曾看过一部电视剧，当女孩儿乐于接受对方时，就会微微低头，将一只脚的脚尖紧贴在另一只腿上，肩膀微微抽动，脸颊绯红。

任雪峰心中大喜，立即握住了她的手。就这样成就了一段美好的姻缘。

在向女孩儿表白时，你有没有注意到她这一个动作？仔细观察哦，不要因为不懂行为心理学而错过彼此。

我们经常见到这样的电视画面：一个道貌岸然的伪君子赢得了清纯善良的女主角信任时，当他想进一步行动，他首先坐到了女主角的身旁，而此时的女主角则微微低头，将一只脚的脚尖紧贴在另一只腿上，肩膀微微抽动，脸颊绯红。在这里，我们怜爱那个单纯又善良的女主角做出了一个展现羞涩之态的经典动作——双腿交缠在一起，这个动作表现的身体语言密码正是顺从。

也许故事中的任雪峰曾经看过这种电视剧吧！当心仪的女孩田菲表现出这种动作时，他便读懂这动作背后所隐藏的含义，知道女孩已经接受了自己，只是出于女性的羞涩，不便于说出来而已。因此，他果断地采取进一步行动。

虽然双腿交缠很多时候是我们下意识的动作，但在很多情境下，不要轻易做出这个动作，否则会造成尴尬或者带来误会。

延伸阅读

在腿部语言中，除了姿势的不同、传递的资讯不一样，双腿的位置也可以解答问题。因为双腿的摆放和位置，可以帮助我们确定某人是否诚实、有自信、有野心，或者感到不安。

◎双腿分开的人自信

某人在坐着的时候双腿分开，这说明此人很坦诚，有自信。如果女士们穿着裙子，因为显而易见的原因，双腿不会分得太开。如果双膝靠拢，双脚触地，指向另一个人，这也说明此人很率直，很诚实。如果双腿交叉，而且一条腿仅搭在另一条腿的膝盖部位上时，说明这样的人，不论男女都很有自信，而且沉着。

◎将一条腿搭在另一条腿的膝盖上的人很可能在说谎

如果某人把一条腿搭在另一条腿的膝盖上，这说明此人正在为自己打气，意味着此人不太自信或者没有说实话。

◎双腿、双脚朝向相反的方向的人想逃离此地

假如你和一个面对着你，眼睛看着你，整个身体都朝着你说话，但是你无意中往下一看，发现此人的双腿和双脚正对着相反方向，你所看到的情况说明了此人想离开，而且不太想和你说话。当某人跟你在一起感到不自在的时候，他的双腿就会朝门的方向移动，想要逃跑。

另一个说明某人想离开的动作是不断地，而且很有节奏地拍打大腿。你如果经常看到某人拍打大腿外侧，这说明此人想走，可是却又走不了。这跟拍打双脚很相似，它也说明某人想离开，可是又担心不礼貌而走不了。

◎跷着二郎腿的人不受约束

如果某人跷着二郎腿，这说明此人是一个很独立、不受约束的人，或者没有意识到自己的坐姿不太合适。这种人一般不太会在意别人怎么想。

◎把双腿伸在别人面前的人爱支配别人

不管是否交叉，只要把双腿伸在别人面前，就说明此人爱支配别人。有这种坐姿的人都是些意志很坚定的人，他们也可能会有欺负他人的行为。这种人为了引起别人的注意，还可能有以自我为中心的表现。

◎双腿交缠是顺从的标志

当你向对方告白时，女孩儿微微低头，悄悄地将双腿交缠在一起。这个动作表现的身体语言密码正是顺从。如果你发现你心仪的女孩儿做出了这个动作，不妨进一步进攻哦！

5. 走路身体前倾的男人懂得珍惜

Q：最近有一个男人追我，可是他走路时，身体前倾，甚至看上去像弯着腰一样，感觉一点儿男子气概也没有。

A：其实，走路时，身体前倾，甚至看上去像弯着腰一样的男人个性内向温柔，为人谦虚，很珍惜自己的感情。这不失为一个好的伴侣。

事 例

罗兰与夏庆是通过亲戚介绍认识的。见面那天，罗兰来到亲戚家里，夏庆早早等候着。一进门，罗兰就看见了夏庆，见他穿戴整齐、白白净净、文质彬彬地站在那里，她露出了会心的微笑。

还没见面时，罗兰的亲戚就告诉她这个男人的基本状况：有房有车，在城市工作，月薪好几万。因此，罗兰今天打扮得特别漂亮，希望能找到自己的归宿。

见面后，罗兰便主动与他打招呼，两人聊得很开心。他们共同的亲戚看在眼里，乐在心里。在分开时，罗兰与夏庆交换了电话号码。

没过多久，夏庆打电话给罗兰，约她第二次见面。那天，罗兰打扮得特别漂亮，早早地来到了约会地点。夏庆准时赴约，来到约定地点时，发现罗兰已经到了。他很不好意思，脸颊微微泛红，身体前倾，弯着腰向罗兰走了过来。

也不知道为什么，罗兰一见到夏庆这个举止，心里特别不舒服，感觉他一点儿男子气概也没有。尽管夏庆一再地赔礼道歉，但罗兰心理依然不快，那天的约会因此不欢而散。

直到现在为止，夏庆还一直认为是因为自己当天比女生晚到而错失这段感情，却不知道是对方误解了自己的肢体语言。

身体前倾，甚至看上去像是弯着腰一样的走路姿势，真的是没有男子气概的表现吗？

诚然，很多女子在选择对象时，总是偏重那些昂首挺胸、气宇轩昂的男子。她们认为这类男子有男子气概。因此，当她们遇到那些走路时身体向前倾的男人时，她们便认为他们缺乏男子气概，便不把对方纳入自己的选择范围内。

故事中的罗兰本来对夏庆有好感，而且他们各方面都很匹配，但当罗兰看到夏庆走路时的姿势，仅存的一点儿好感便消失得无影无踪，因而错过了这段美好的姻缘。

其实有些男人在走路时，喜欢身体向前倾，他们并不是没有男子气概，而是为人谦虚，一般都具有良好的修养。这类男子大多性格温柔内向，见到漂亮的女人时多半会脸红。在对待女人时，他们从不花言巧语，非常珍惜自己的友谊和感情，只是平常不苟言笑。像这样的男子，才是女人应该选择的对象。

有些女人以外表取人，结果往往与幸福擦肩而过。

延伸阅读

从"走路姿势"观察人，世界各国古已有之。观察一个男人怎样走路，并从走姿中透视其心理，你肯定会觉得妙趣横生。

◎步伐急促的男人

这类男人是典型的行动主义者，大多精力充沛、精明能干，敢于面对现实生活中的各种困难，适应能力特别强，凡事讲究效率，从不拖拉。

◎步伐平缓的男人

这类男人走路总是一副不疾不徐的样子，别人无论如何他都不在乎，是典型的现实主义者。他们凡事讲究沉着稳重，"三思而后行"，绝不好高骛远。如果他们在事业上得到提拔和重视的话，那也许并不是因为他们有什么"后台"，而是他们那种脚踏实地的精神给自己创造了条件。

◎身体前倾的男人

他们走路时身体习惯向前倾斜，这类人大多性格温柔内向，见到漂亮的女人时多半会脸红，但他们为人谦虚，一般都具有良好的修养。他们从不花言巧语，非常珍惜自己的友谊和感情，只是平常不苟言笑。

◎军事步伐的男人

走路如同上军操，步伐整齐，双手有规律地摆动，这种男人意志力较强，对自己的信念十分专注，他们选定的目标一般不会因外在的环境和事物的变化而受影响。

这种男人往往非常讨女人欢心，也最让女人伤心，因为他们一旦盯上某个目标就会不达目的誓不罢休。他们若能充分发挥自己的长处，一定收获颇丰，因为他们对事业的执着是其他类型的人无法比拟的。但如果你的主管是这种人，那你的日子可就不好受了，你会"吃不完兜着走"，因为他们一般而言都比较独裁。

◎踱方步的男人

迈着这种步伐的男人是非常沉着稳重的，他们认为面对任何困难时，最重要的是保持清醒的头脑，不希望被任何带有感情色彩的东西左右了自己的判断力和分析力。他们有时也觉得累，但为了保持自己的形象，很难在人前笑口常开，这是他们做人的准则。虽然别人敬畏他们，可他们在一个人独处时也感到十分压抑，因为他们是一个很有城府的人。

6. 突然抱起双臂是自我防卫的象征

> Q：有一天，我滔滔不绝地向男朋友说一些话题时，他突然抱起了双臂。我不知道是怎么回事？
>
> A：人抱起双臂的动作，大多是关闭内心、进行自我防卫的心理的一种体现。这说明他对你的话感到厌倦了，你最好停止说话。

事 例

　　江冉与邓军是一对情侣，他们是远距离恋爱。有一次他们终于有一个短暂相聚的机会，一见面，双方都兴奋得不得了。江冉是一个活泼开朗的女孩，特别喜欢说话。在分开的这段时间里，没有倾诉对象，便把话压在心里。因此一见到男友，她的话就像决堤的洪水，一下子倾泻而出。

　　邓军成熟稳重，刚开始时，见到女友的深情倾诉，他微笑地倾听着，并不时搭上几句话。江冉越说越有劲，而邓军越听越没趣。不知道过了多久，男友邓军突然将身体向后靠在了沙发上，还把双手抱在胸前，有些若无其事地坐在那里。

江冉依然滔滔不绝地倾诉，而邓军几乎没有任何回应。又过了好一会儿，江冉才发现男友已许久没有说话了，她才意识到男友刚才就不太回答自己说的话，现在又抱起了双臂，便怀疑他是不是开始厌倦自己。于是，她立即停止了说话。这时，男友好像意识到什么，便将她顺势拉进自己的怀抱。

一般来说，恋爱中的女孩子都很喜欢说话，可是当你滔滔不绝地说话时，你是否发现男友突然抱起了双臂？人抱起双臂的动作，大多是关闭内心、进行自我防卫的心理体现。尤其是双臂抱得比较低时，一般都是想在自己前面筑起一道高高的屏障来保护自己。这是一种防御性的姿势，防御来自眼前的威胁感，保护自己不产生恐惧，这是一种心理上的防卫，也代表对眼前人的排斥。

故事中的男友完全被女朋友那滔滔不绝的话语所压倒，无意识中便采取了一种自我防卫的姿势——抱起双臂。故事中的江冉注意到了男友抱起双臂这一动作，揣摩出男友此时此刻的心理状态。因此，她便停止了说话。很意外的是，当江冉停止说话以后，男友反而更加注意她。

上面的故事告诉我们一个道理，当你滔滔不绝地向男友倾诉时，发现他悄悄地抱起了双臂，就得赶紧停止说话。

延伸阅读

一般来说，一个人在不同的情境下会做出不同的抱臂动作。

不同的抱臂动作自然表现出的含义也不相同。

◎挺着胸脯，双臂抱于较高的位置表示其正在宣布自己较高的地位

当一个人挺胸，且双臂抱在很高的位置。这无疑是在向大家宣布：我是一个很了不起的人物。

◎身体畏缩，双臂抱于较低的位置表明其紧张不安

当一个人紧张不安时，总是想把自己的身体蜷缩起来，让自己的存在感尽量变弱一些。

◎弓着背抱起双臂的人着急

一般来说，弓着背抱起双臂的姿势经常在人着急或者动摇的时候会出现。我们听他们说话，也许还能感受到不安的情绪。

◎迎着对方的视线抱起双臂表示对对方的话感兴趣

假如你在听对方说话，突然迎着对方的视线抱起双臂，还常伴有深深点头、向对方方向探身动作。这表示你对对方的话题很感兴趣。

◎抱起双臂是自我防卫的体现

抱起双臂的动作，大多是关闭内心、进行自我防卫的一种体现。这种防御来自眼前人的威胁感，保护自己不产生恐惧，这是一种心理上的防卫，也代表对眼前人的排斥感。

本章小结

1. 抓摸下巴的人

抓摸下巴表明对方正在考虑如何决定，不妨给他一些意见。

2. 双手摁住膝盖的人

双手摁住膝盖表明对方有意起身离开，他的大脑里已经做出有意离开的准备。如果你注意到了客户这一举动，应该尽快中断谈话。

3. 脚尖跷起的人

客户坐在椅子前端将脚尖跷起表现出一种殷切的姿态。这就表示对方愿意合作。如果你善加利用，双方就可能达成互惠的协定。

4. 双腿交缠的女孩儿

双腿交缠是顺从的标志，女孩儿往往很害羞。如果你向她表白了，她没有明确回复你，那这就是她答应你的表示。

5. 走路身体前倾的男人

其实，走路时，身体前倾，甚至看上去像弯着腰一样的男人个性内向温柔，为人谦虚，很珍惜自己的感情。这不失为一个好的伴侣。

6. 突然抱起双臂的人

一个人抱起双臂的动作，大多是关闭内心、进行自我防卫的一种体现。这说明他对你的话感到厌倦了。你最好停止说话。

第四章

社交场合观人心，从他人
在社交场合的反应看清其品性

在社交场合中，不同的人会有不同的反应，而不同的反应又彰显一个人不同的品性。如果你仔细观察，就能从一个人不同的反应中看清其品性，判断对方到底是君子，还是小人。俗话说："亲君子，远小人。"认清了君子与小人将有助于我们的事业发展。

1.眼睛溜溜转的人阴险狡猾

> Q：今天，我看见我的一个下属在说话时，眼睛溜溜地转，好像在打什么歪主意。对这样的下属，我是不是谨慎点好？
>
> A：一般来说，眼睛溜溜转的人阴险狡猾，作为上司应该警惕，提防这样的员工。

事　例

公司最近开发了几个大客户作为重点行销对象，打算派遣三位资历较深的推销员小李、小唐和小胡去洽谈业务。

这天，市场经理王总把他们三人叫到办公室，分派了任务。小李与小唐都爽快地答应了，但小胡却没有立即回应。

当经理正要问小胡怎么回事时，小胡眼睛转了一下，却先说道："经理，我想和小李换一换，分给他的那个区域，我以前从没有跑过。我想锻炼一下。"

经理注意到了小胡的眼睛溜溜转的动作，感觉他好像在打什么歪主意。于是，就假装咳了一声。没想到，小李却抢先说道："反正都是拜访客户，我就住在小胡分到的那个区域。换一下就换一下吧！"

小李说这句话时，旁边的小唐与经理都在朝他使眼色。可惜，他答应得太快了，还没来得及看小唐与经理递过来的眼色。既然小李都答应了，经理也就不好再说什么。

从经理办公室走出来后，小唐告诉小李："换过来的那个区域，好像有一两个客户特别难谈，那个区域以前是小胡负责的，他曾在那里碰过好几次钉子，估计是看你老实，才把难题推给你。"

小李完全不当一回事，笑着说："无所谓，就当锻炼一下吧！都是客户，有什么难的。"

等到洽谈客户时，小李才领教了真正的难度。那个客户怎么谈都谈不下来，最终无果而终。而小胡在那个区域谈成了好几件案子，一下子就进账五万。对此，小李什么也没说，苦笑了一下。但旁边的经理却看得很清楚，从那以后，他很警惕小胡，遇到重要的客户都不再派遣他去洽谈，慢慢地削减他的权力。后来当小胡离开公司时，只带走了几个客户，减轻了公司的损失。

作为公司主管，你是否发现眼睛溜溜转的下属？一般来说，眼睛溜溜转的下属阴险狡猾，是小人的一种表现，所以面对这种下属可要提高警戒了。

观察一个人的眼睛往往能了解这个人的内心世界，溜溜转的眼睛是一种最不好的表现，属于典型的贼眉鼠眼。这种人心思虽然十分灵活，但总是想入非非，难以安定，存着一颗让人永远也猜不透他真实想法的心。

故事中的小胡就是这样的人，他阴险狡猾，心怀鬼胎，做起事情来一般都是口是心非。故事的小李一点也不懂行为心理学，假如他注意到了小胡的眼睛，或者他听懂了经理假装"咳嗽"的含义，也许就不会答应他的请求，那么后来也就不会吃亏。不过值得庆幸的是，经过这件事，经理发现了小胡溜溜转的眼睛，提高了戒心，及时采取措施，减轻了公司的损失。

上面的故事告诉我们一个道理：在职场中，不管是长官，还是同事，都要提防那些眼睛溜溜转的人。当然，长官更要多加注意，知人善任，在分配权力的同时，一定要落实责任，运用好自己的监督管控职能，以免由于用人不当，给工作带来麻烦，给公司带来损失。当然了，长官也不能随意把下属正常的眼睛运动定义成心怀鬼胎的小动作，毕竟每个人在有一些想法时，都会转动眼珠。

延伸阅读

当一个人有一些心理活动时，眼珠都会不自主地转动。对方正在看什么，正在想什么，我们可以快速、准确地从对方眼球转动的方向和速度上解读出来。

◎眼珠转动快的人反应快

一个快速转动眼珠的人第六感敏锐，反应力快，能够迅速地看透人心。这种人往往特立独行，比较容易情绪化。

◎眼珠转动迟缓的人感觉迟钝

一个眼珠转动迟缓的人身体五官感觉迟钝，感情起伏少。这种人一般不容易受他人影响，喜欢过自己的生活。

◎眼珠向左上方转动的人正在回忆过去

当一个人眼珠向左上方转动时，说明他正在回忆以前见过的事物。假如想起了过去美好的事情，他的嘴角还可能露出微笑。

◎眼珠向右上方转动的人正在想自己没见过的事物

当一个人眼珠向右上方转动时，说明他此刻正在想自己没见过的事物。

◎眼珠向左下方转动的人心里在自言自语

当一个人眼珠向左下方转动时，说明他心里有事。而这件事情又不便于向别人说起，心里正自言自语呢！

◎眼珠向右下方转动表明其正在感觉自己的身体

当一个人眼珠向右下方转动时，表明他正在感觉自己的身体，他的身体很可能出现了不适的症状。

◎眼珠左右平视的人正在尽力弄懂自己听到的话

当一个人眼珠左右平视时，表明他正在努力弄懂自己听到的话，很可能是你表达不清楚哦！

2. 似笑非笑的人笑里藏刀

Q：人们都说笑容是最美丽的语言，可是为什么看到有些人的笑容总感觉很别扭呢？

A：笑容是最美丽的语言，是因为它发自内心，而透过训练展开的笑容少了真诚，始终给人一种皮笑肉不笑的感觉，有时候微笑只是在隐藏谎言而已。

事　例

于丽是总经理的秘书，公司里的许多人都喜欢跟她接近，连副总经理李欣也不例外。李欣只要一看到于丽，总会微笑着跟她打招呼。但不知道为什么，于丽只要一见到她的微笑，就不寒而栗。李欣的微笑看上去很正常，但她的嘴从来不曾动过，两边也没有鱼尾纹，因此于丽总感觉她的微笑里面隐藏着一把锋利的剑，寒光闪烁，充满杀机。

有一次，总经理出差了。李欣便来找于丽，说请她吃饭。于丽不好推托，只好答应了。然而下班后，李欣开着车从于丽

面前忽地一下开了过去，虽然看见了于丽，却视而不见。于丽
觉得事有蹊跷，一想到她的微笑，一阵凉意立刻传遍全身。

来到约定的酒店，李欣早已在门口等候。在吃饭的过程中，
她滔滔不绝地谈论穿衣和美容的事情，有关工作的事一句也不
说。酒过三巡后，李欣开始谈论起总经理。

于丽一抬头，又撞见了她那阴险的微笑。于丽不由得一惊，
以为她想从自己这里打探什么消息。然而出乎意料的是，李欣谈
论总经理全是溢美之词，说他真是奇才，这除了他后天的努力，
还有天赋。听别人说，脚心里有痣的男人，一定是个天才。她老
公和总经理一起洗澡时，就看见总经理的脚心里有一颗黑痣。

于丽并没有把她说的这些话放在心上。可是在分手时，她
又看到李欣似笑非笑的笑容里似乎藏着一些诡计。

过了一段时间，于丽跟几个较好的姐妹一起吃饭。席间，
有人说起总经理的为人与才华，有些微醺的于丽说："总经理的
才华是天生的，他有天相。"

众人不解，立即问道："总经理有什么天相？"

于丽脱口而出："总经理的脚心里有一颗黑痣。"

众姐妹先一惊，随即怀疑地问道："你怎么知道总经理的脚
心有一颗黑痣？"

于丽这才发现自己说错话了，可是越是辩驳，她们就越起
哄。于丽没办法，只好任由他们瞎猜。

没想到几天后，这件事传到了董事长那里，说于丽跟总经
理关系匪浅。于丽委屈极了，这不仅玷污了自己的名声，还连

累了总经理。因此，她便去向董事长澄清这事。

不料，等于丽说完后，董事长什么也没说，就把总经理叫了过来。原来，董事长早就知道这件事了。因为李副总曾将类似的手段运用在总经理身上，但总经理没上她的当，并且留意观察她的举动，她才转移了目标。

董事长拍着于丽的肩说："李副总一直在觊觎着总经理的位置，所以屡屡耍些小聪明。别把这件事放在心上，好好工作。"

于丽点了点头。没过多久，李欣就被辞退了。

不懂行为心理学，不能读懂他人的肢体语言，那么自然就容易上当受骗。故事中的于丽就是因为没有读懂李副总微笑里的含义，才遭人暗算。

真诚的笑容是一个人面部最美丽的表情，是人际关系中的"通用货币"，人人都能付出，人人也都能接受。然而，有些人的笑容并不是出自内心，而是训练出来的。他们把自己的笑容锻炼得无可挑剔，但是，这种经过训练而来的笑容看起来总有些说不出的别扭。

原因很简单，因为训练出来的笑容缺乏一种叫作"真诚"的东西，它给人的感觉很假，有点儿"皮笑肉不笑"的意味，假如存有害人之心，那么他的笑容里面隐藏着一把锋利的剑，寒光闪烁。所谓笑里藏刀就是这个意思吧！

故事中的李副总脸上露出的笑容就是笑里藏刀，让人不寒而栗。于丽虽然感觉她的笑容不真诚，但她不懂行为心理学，最后自然被人利用了。假如她懂行为心理学，那么就会有所警觉，也不会听不出对方说话的含义，也就不会跳进对方所设的陷阱里。不过，所谓邪不胜正，李副总的阴谋最终还是没有得逞，在害了别人的同时也害了自己。

职场如战场，有君子，也有小人。我们应该时常睁大眼睛，及时识别谁是小人，谁是君子。亲君子，远小人，努力做好自己的工作才是正确的事。

延伸阅读

人们经常把微笑这一语言比喻为交际中的"通用货币"，人人都能付出，人人也都能接受。其实，除了微笑，生活还有常见的几种笑的方式。

◎偷笑

偷笑是很低的笑声，别人也许未必听得到。偷笑表示你常常看到一件事情有趣的那一面，而别人未必看得到。因此，你很容易跟别人相处，能得到他人的喜欢。

◎鼻笑

鼻笑是从鼻子里哼出来的。因为你要忍住笑，便忍进了鼻子。鼻笑表示你怕羞，不想引起他人注意，你同时也谦虚体贴，喜欢按常规办事，你很重视他人的感觉，而他人也会喜欢你的细心。

◎普通笑

普通的笑平常，不特别，不会太大声。这表示说他很努力但不会去争名夺利，很有耐性，心地好而且可靠，是一位非常好的朋友。

◎轻蔑地笑

当一个人笑时，鼻子朝天，神情轻蔑，往往是人在笑他也不笑，或只是略笑几声，这就是轻蔑地笑。喜欢轻蔑笑的人看不起别人，喜欢压低别人抬高自己。这其实是自卑感作怪，不会有很多朋友。

◎紧张地笑

当一个笑时慌张，忽然停止，看别人继续笑，他也笑。这也是自卑的表现，缺乏自信心，笑也怕笑得不对，更怕人笑自己。其实，你应改变一下自己的心态，用不着太担心别人对你的看法，你完全可以做回你自己，即使别人不觉得好笑，你也有权利觉得好笑。

◎假笑

脸虽然在笑，但是眼睛却没有笑，心中也丝毫没笑，像戴着假面具一样在笑。

3. 抓挠脖子表明对方口是心非

Q：今天，我同事跟我说话时，时不时地抓挠脖子，他这是习惯性动作，还是另有深意？

A：说话时总是抓挠脖子为口是心非的表现，口是心非是小人之所为，可得注意啊！

事 例

叶佳与张倩是蛮要好的同事。叶佳在公司任职主管，而张倩担任组长。最近叶佳因为工作业绩突出，被调往分公司任职经理。职位虽然得到了提升，但分公司远在山区，生活与出行都非常不方便。因此，她根本就不想去分公司任职。

一天下午，心情郁闷的叶佳跟张倩聊了起来，谈到去分公司任职这件事。"唉，我真不想去分公司任职啊！"叶佳叹了一口气说道。

张倩白了她一眼，问道："这是好事啊！为什么不去呢？"

"那里太偏僻，生活进出都不方便，我哪里受得了啊！我宁愿在这里担任主管，也不要去那里当经理。"叶佳愁眉苦脸地说道。

"也是哦！那里的条件真是太差了。"张倩附和道。

"真想留在总公司。"叶佳噘着嘴说道。

张倩抓挠着脖子说："那你就向总经理申请不去吧！"

叶佳一听，高兴地拍着手掌说："好，我现在就去跟总经理申请。"

张倩没想到叶佳真要去申请，又急忙阻止道："你先考虑清楚啊！别急着推掉，其实那边更有利于发展。"

叶佳一溜烟地跑了，留下张倩愣在了原地。过了好一会儿，她猛地拍着头说："我真是自断前途啊！"

读完上面的故事，我们不由得提出一个疑问：张倩真的希望叶佳留下来吗？

如今，人们都有一种普遍的心理：不信任。而造成这种心理的原因就是口是心非的人太多了，他们表面上说得天花乱坠，但实际却全非如此。他们嘴里说着对你的赞誉之词，而内心也许正在狠狠地诅咒你。这种人最善于钩心斗角，他们每天都在考虑如何在表面去应付他人，行动上又如何去算计别人。与这种人为伍是非常危险的，因为你不知道他心里的真实想法。所以，口是心非也是小人的一种体现。

在我们的生活周围，常常隐藏着这类小人，不时干扰我们的生活。那么该如何识别口是心非的小人呢？如何使自己不受他人话语的误导呢？要辨别口是心非的小人，千万不要听他说什么，而应该注意观察他说话时的肢体动作。只要你仔细观察，这些肢体动作就会出卖他内心的秘密！

故事中的张倩虽然说话说得极其好听，但她抓挠脖子这一动作泄露了她内心的秘密。她因为说了违背自己意愿的话而害怕别人看出来，内心感到不安。所以，抓挠脖子是口是心非的表现，而口是心非又是小人的表现。

因此，我们在工作中，要善于发现那些口是心非的小人，并远离他们，否则你只能活在他们的谎言中。

延伸阅读

◎抓挠脖子

抓挠脖子是指食指（通常是用来写字的那只手的食指）抓挠脖子侧面，或者位于耳垂下方那块区域。在交谈中，如果一个人在跟你说话时，出现抓挠脖子的动作，那么说明他口是心非。

◎拉拽衣领

撒谎者一旦感觉到听话人的怀疑，内心就会感到紧张，血压就会升高，而增强的血压就会使脖子不断冒汗。当你看到有人做这个动作时，不妨对他说："请你有话就直说吧！"这样的话会让这个企图撒谎的人露出马脚。

◎手指放在嘴唇之间

将手指放在嘴唇之间的手势，与婴儿时期吸吮母亲的乳头有关系，是人们潜意识里渴望母亲给予安全感。因此当人们犹豫不决、备感压力或者感到孤独时，习惯将手指放在嘴唇之间。不过有时会以烟、笔等其他东西代替手指。

◎抓挠后颈

对于我们来说，沮丧和恐惧都会使我们的脖子后面隆起一片鸡皮疙瘩，让我们有刺痒的感觉。因此，当我们感到沮丧与恐惧时，就会不由自主地抓挠后颈。

4. 点头哈腰的人大奸似忠

> Q：我很不喜欢我的一个同事，不管经理说什么，他都点头弯腰地说："是，是。"完全一副恭维样儿。
>
> A：他这是在附和、恭维你的上司，点头哈腰是大奸似忠的表现。在工作中，要多注意提防这类小人。

事 例

马超是一家公司的主管，他尽职尽责，视下属如自己的亲兄弟，深得员工的爱戴。他虽然做出了许多成绩，但是他的上司经理却不怎么重视他。相反地，经理非常重视另一个部门的主管小刘。小刘没有强烈的责任心，对工作很马虎，他的下属因此对他怨声载道。也不知道小刘给经理灌了什么迷魂药，经理竟然将他提升为工厂主任。

一天，马超去经理办公室向经理汇报工作，不料小刘也在。马超只好站在一旁等待。小刘具体跟经理说什么，马超不知道，但他发现小刘一直在重复一个非常特别的动作——点头哈腰。不管经理说什么，他既点头，又弯腰地说："是，是，经理说得对。"

马超看到这一幕不屑一顾，小刘说完话后，就出去了。马超笑着对经理说："这小刘看起来憨厚老实，感觉特别忠诚。"

经理一听，双眉不自觉地扬了起来，乐呵呵地说道："那可不？那一次，我陪客户喝醉酒了，吐得满身都是。你想都想不到，小刘不仅把我背回了家，给我喝了醒酒汤，还把我的衣服洗了。现在这么好的人真是少见。"

马超想说什么，还没说出口。经理就打断他的话："还有一次，我女儿生病了。他当时刚好打电话过来，知道这件事后，连夜赶了过来。他真是一个好人啊！"经理自言自语地说道。

听着经理的赞赏之词，马超终于明白他为什么会重用小刘了。可是，他隐隐约约地感觉不妙，总觉得小刘所做的事都是过分的恭维，是被利益所驱使。

马超本想劝经理，可是经理却挥挥手，要他赶快去工作。马超没再说什么，默默退出了经理办公室。

然而，经理做梦也没想到，半年后，他被公司开除了，而取代他位置的却是工厂主任小刘。备受打击的他在这时才醒悟过来，可惜太晚了。

自古以来，忠奸难分。故事中的经理真是养虎为患。假如他及时识别小刘是一个小人，那么也不至于一败涂地。

一般来说，那些大奸似忠的小人貌似不屑于蝇营狗苟，不贪利，不图小便宜，平时貌似憨厚忠良，伪善作假，欺人惑心，关键时刻才会露出狰狞面目。这种人表面上老老实实的，实际上很可能是假仁假义。逢人便自夸有七分骨气的，很可能是不动声色的超级"马屁精"。如果你不注意他的日常行为举止，那么你很可能被他的善心所蒙蔽，以为他是一个可以肝胆相照、忠贞不渝的君子。

在现在这个社会，人们越来越会伪装自己，把自己伪装得不留一点痕迹。故事中的小刘就是这样的一个小人，他不仅采取恭维与顺从的态度，满足了经理的虚荣心，还假装憨厚忠良，为经理做常人不能做的事，赢得了经理的信任。天下没有免费的午餐，如果位高权重的经理有这样的意识，也许他就会提高警惕。其实，假如经理懂一点行为心理学，从小刘那点头哈腰的举止也能识别他真实的内心世界。

在日常生活中，大奸似忠的小人其实是最奸诈之人，他们不会说什么谎言，而是利用他人对自己的信任进行反击。当对手幡然醒悟时，已无任何招架之力。

延伸阅读

对于腰部这一无声语言，女性相对于男性来说，要微妙得多。女人的腰，是除了女人臀部和胸部以外的性感符号，它常常是以无声的线条来表示意义的。线条和色彩是人类在有声语言之外最具表现能力的性格语言。女人的腰，就是一个线条符号。

◎弯腰

众所皆知，见人即弯腰行礼是日本女性的见面语言，弯腰所形成的曲线是柔美的、温顺的、流畅的，从而形成一种光滑的外表，这种女性给人一种柔美的感觉。

◎叉腰

把两手叉在自己的腰上，这种形象就像两只母鸡争斗的形象。这是女性一种双向的对外扩张，表示出内心的愤怒和力量。这种语言，一般的女性不建议采用。

◎仰腰

仰腰是不设防的意思，这叫作女人的"无防备的信号"。如果女人坐在沙发里，用仰腰的形式对着异性，一般的情况有两种：

一是对于眼前的这个男人绝对的信任、绝对的尊重，她觉得他不会带来伤害；

二是妓女的一种招数，她告诉眼前的男人："请跟我来。"

◎扭腰

扭腰使腰呈现"S"形，这是性的象征。凡是女人扭腰或者扭动臀部，都蕴含了招惹异性的信号。这种语言经常会在服务小姐或女模特儿的身上看到。

◎抚腰

俗话说，没人爱，自己爱。女人常常在没有男人抚摸时就自我抚摸，这种自我抚摸是一种"自我安慰"的行为，同时也是一种"自我亲切"的暗示。

5. 社交场合挤眉弄眼的朋友善拍马屁

> Q：有一天，我与朋友一起约经理吃饭。吃饭时，我看见他对经理挤眉弄眼的，他这是什么意思啊？
>
> A：在社交场合，挤眉弄眼的人善拍马屁，是小人所为。跟这种人交朋友可得慎重哦！

事 例

一个周末的早晨，林文睡意蒙眬时接到了好朋友王强的电话，王强在电话里说，中午要请公司经理吃饭，请他务必赶过去。

林文跟王强同一天进入公司。在工作中，他们配合得天衣无缝；在生活中，他们是常常一起喝酒的好哥儿们。尽管常有人提醒离王强远点，说他并不值得交往，但林文总是一笑置之。

林文迅速穿好了衣服匆忙赶往指定的地点。在路上，他不知道王强葫芦里卖的是什么药。上周经理曾向他透露，他有可能晋升为主管。照理说，他应该请经理吃饭，可是……

林文一走进预定的房间，发现王强早已点好了菜。林文望着满桌子的菜，愣在原地。就在他还没反应过来时，经理已大步走进了房间。

好友王强没来得及跟林文打招呼，就立即迎了上去。他一边帮经理把衣服挂在旁边的衣架上，还一边嘘寒问暖。林文越发糊涂了，王强一向对经理不屑，今天怎么显得如此殷切呢？由于他太过殷切，所以自己一点也插不上手，这让他感到尴尬不已。

吃饭时，王强主动地帮经理倒茶、倒酒、夹菜。在经理需要点烟时，他立即点上打火机凑了上去，挤眉弄眼地说道："经理今天赏脸能来，真是我的一大荣幸啊！"

经理听着王强的奉承话，吃得不亦乐乎。酒过三巡，经理便拍着王强的肩说："小王啊，你最近的工作效率有待提高啊！不过，只要你好好工作，前途还是很宽广的！"

王强笑开了，立即弯下腰去，点着头说道："是，是，经理说得对！我应该多学习经理一丝不苟的工作态度与严谨的生活作风。所以，以后还请经理多指教。"

王强挤眉弄眼、点头哈腰的举止让林文的心里很不解，虽然他知道王强有这一动作，但在主管面前挤眉弄眼，总是给人一种不好的印象。王强平常总在他面前说经理这个人哪里不好，而今天却把他捧上了天。

然而林文没想到的是，一个月后，晋升为主管的不是自己，而是王强。当同事们纷纷前去恭贺王强时，林文愣在了一旁。在众人的吹嘘声中，王强投给了他一抹意味深长的笑容。那一刻，林文霎时明白了自己原来不过是王强的一颗棋子，真是悔不当初啊！

相信朋友没错，可是相信那些不值得交往的朋友就犯了大错。最终结果，很可能像故事中的林文一样身受其害。那么，该如何辨别一个挤眉弄眼的人是否值得交往呢？

辨别一个挤眉弄眼的人是否值得交往，主要视不同情况而定。假如在社交场合，对他人挤眉弄眼就是一种猥琐小人所为，给人一种很不好的印象。

读完上面的故事，不难发现王强就是一个小人。在社交场合中，从他对经理挤眉弄眼这一举止，就可以断定他善拍马屁，是一种小人的行为。

孔子说，有三种朋友不能交。其中"友便辟"指的就是喜欢谄媚逢迎的人。这种人毫无正直诚实之心，更没有是非原则。他们懂得察言观色，见风使舵。从他们的嘴里听不到一个"不"字，大多都是赞美之词，背后却一味地说别人的不是。就如故事中的王强一味奉承经理一样。这种朋友是慢性毒药，在自己得势时谄媚逢迎，在自己落魄时却落井下石，甚至还背后一枪，让你叫苦不迭。

回顾故事，王强请经理吃饭，意在夺取晋升为主管的机会，顺便叫上好友林文，并不是出于友谊，而是故意设了一个局，让林文难堪，以破坏林文在经理眼中的好印象。真所谓"小人挡道"，王强成功地晋升为主管。

再看看林文，被友情蒙住双眼的他之所以身受其害，关键在于他识人有误。其实，如果他能解读出背后的秘密，那么他就能从王强喜欢挤眉弄眼这一动作中判断他是一个小人，根本不值得交往。如此一来，及早远离他就能避免自己身受其害。我们因此得出一个结论：在社交场合，挤眉弄眼的人善于拍马屁，是小人之所为，这种人还是远离为好。

延伸阅读

◎社交场合，挤眉弄眼是拍马屁

社交场合，挤眉弄眼的人善于拍马屁，是一种小人的行为。这种人不值得交往，远离为上策。

◎两帮谈判，挤眉弄眼是传递秘密

两个帮派谈判时，一方感觉要谈僵了，估计会动手，就先下手为强。于是，帮主便对手下挤眉弄眼。手下看到帮主的眼色就如同收到命令一样，立即开始行动。这种情况下的挤眉弄眼就是一种传递讯息的行为。

◎娱乐场合，挤眉弄眼表示有不可言语的秘密

三个朋友一起玩，其中两个人商定开另一个人的玩笑。在开玩笑之前，一个知道真相的人必然会向另一个知道真相的人挤眉弄眼，示意对方先不要说破，先逗弄不知情的朋友，等过后再说。这里的挤眉弄眼就是表示两人之间有一种不必言语的秘密。

6.说话时喜欢抖动腿脚的朋友自私自利

> Q：最近认识一个朋友，在跟我说话时，他总是喜欢抖动腿脚，抖得我头都晕了。
>
> A：这可不是好现象！在跟人说话时喜欢抖动腿脚的人自私自利，这种人不适合交朋友。

事 例

张成最近结交了一个好朋友，他们相谈甚欢，不管谈什么，都能找到共同的话题。这让张成高兴不已，暗自庆幸自己找到了一个志同道合、能够互谈心的朋友。因此，他们一有时间就去饭店里喝酒聊天。刚开始，这位好朋友总是抢着买单，这更是让张成欣喜不已，他因此断定，这位朋友绝不是一个自私自利的人。

可是有一天，这位朋友的一个举动却让他大失所望。这天阳光明媚，张成打电话约好友来一个露天茶馆聊天。在遮阳帐篷下，品茶谈天，好不惬意。他们聊着聊着，张成的手机不小心滑落到地面。他下意识地弯下身去捡手机，无意中瞥见了好友那双抖动的脚。这让他大吃一惊，因为他在一本解读行为心理学的书中看到这样一句话：说话时总是喜欢用脚或脚尖使整个腿部抖动，或者用脚尖拍打脚尖，或者用脚掌拍打地面者，他们最明显的表现是自私，很少考虑别人的感受；凡事都从利己出发，对别人很吝啬，对自己却很宽厚。

张成心想："难道我看错人了？"为了证实自己的眼光，他继续观察好友的腿脚动作。然而让他感到更加意外的是，他的好友在腿脚不抖动时就用脚掌拍打地面。这个动作更加深了张成对好友的怀疑。从那以后，张成不管是说话还是做事，都开始留心，再也不像以前那样知无不言，言无不尽。

路遥知马力，日久见人心。在后来的交往中，张成慢慢地发现他的这位好友果然是一个自私自利的人。最初的慷慨不过只是一时的表现而已。

喜欢抖动腿脚的人就是自私自利的人吗？这类人为什么就不适合交朋友呢？

据有关心理学专家研究得出结论：一个人在说话时喜欢抖动腿脚确实是一种自私的表现。他们不抖动腿脚时，就常常用脚尖磕打脚尖，用脚掌拍打地面。

这类人很少考虑别人，不管做什么事，都是从自己的利益出发。只要对自己有利的事，他们就会不假思索地去做。这种人很难交到真正的朋友，因为他们为了自己的一己之利，往往会不择手段，从来都不会眷顾友谊之情。

　　这种人的自私不仅表现在物质方面，还表现在精神方面。例如，你累了一整天，本来打算好好睡一觉，可是你的朋友却打来电话要求你陪他玩通宵。尽管你一再解释太累了，他仍然用"这样还是不是朋友啊？"来责问你。这种朋友是自私的，因为他总认为别人得到的多，而自己得到的少，因此透过任意摆布别人来满足自己不平的心理。

　　自私自利的朋友不管在精神方面，还是物质方面，都以自我为中心，任何时候都是先考虑自己的利益。因此，自私自利的朋友不值得深交。

　　故事中的张成独具慧眼，从好友喜欢抖动腿脚的行为中，看出了破绽，及早发现了好友自私自利的本性。从而刹住了脚步。否则，不管在精神上，还是物质上，他都将受到前所未有的考验。

延伸阅读

　　抖动腿脚在不同的时候表达着不同的意义哦，下面一起来看看。

◎与人说话时，喜欢抖动腿脚是自私的表现

　　如果你的某一个朋友在与你说话时，总是喜欢抖动腿脚。一般而言，有这种习惯的人很自私。他们很少考虑别人，不管在什么时候，都是先考虑自己的利益，因此这种人不值得深交。

◎过度疲劳休息时，抖动腿脚是抵消疲劳

当一个人过度疲劳、困乏欲睡时抖动腿脚。这时抖动腿脚是人的神经反射，不仅能放松腿部肌肉的作用，还能抵消一部分疲劳。

◎压力过大时，抖动腿脚是为缓解压力

压力过大抖动腿脚在学生身上体现得尤其明显。在考试时，学生因为压力过大就会不由自主地抖动腿脚，这样做只是为了缓解压力。

本章小结

1. 眼睛溜溜转的人

一般来说，眼睛溜溜转的人阴险狡猾，在生活中，如果你遇到了这样的人，应该提高警惕。

2. 似笑非笑的人

笑容是最美丽的语言，是因为它发自内心，而透过训练展开的笑容少了真诚，始终给人一种皮笑肉不笑的感觉，有时候微笑只是在隐藏谎言而已。

3. 抓挠脖子的人

说话时总是抓挠脖子为口是心非的表现，是小人的行为，可得注意啊！

4. 点头哈腰的人

点头哈腰是大奸似忠的表现。在工作中，要多注意提防这类小人。

5. 社交场合挤眉弄眼的人

在社交场合，挤眉弄眼的人善拍马屁，是小人所为。跟这种人交朋友可得慎重哦！

6. 说话时喜欢抖动腿脚的人

在跟人说话时喜欢抖动腿脚的人自私自利，这种人不适合深交。

第五章

说话讲究方法，透过说话来推测其人际关系

　　有一句话说："有才能的人不一定有口才，但一个有口才的人一定有才能。"一个会说话的人一定拥有不错的人际关系。所以，我们透过观察一个人的说话方式与谈论的话题，就能推测对方的人际关系。

1. 喜欢以"你好"打招呼的人深得朋友信任

Q：最近新认识了一个朋友，他喜欢以"你好"打招呼，感觉很有礼貌，请问这样的人能交朋友吗？

A：喜欢以"你好"打招呼的人最容易获得朋友的信任。他们通常有一群很合得来的朋友，可以试着去交往。

事　例

龙芸在一次聚会上，认识了一位异性朋友。他戴着眼镜，一副文质彬彬的样子，一下子便吸引了龙芸的注意。她本来想过去给他打招呼，不料，他早已注意到她，微笑着向龙芸走来，伸出左手，招呼道："你好！"

龙芸急忙伸出右手，回敬道："你好。"在聚会上，他们相谈甚欢。当他们离开时，便互相留了电话号码。

过了一段时间后，龙芸意外地接到了这位异性朋友的电话，他在电话中约龙芸去玩。龙芸爽快地答应了。

再次见面时，那位异性朋友依然微笑着打招呼："你好！"

龙芸此时感觉他特有绅士风度，立即也以"你好"回敬。

那次他们玩得很开心，龙芸心里早已把他当朋友了。可是后来的约会中，龙芸却有些失望。尽管他们已经很熟悉，可是那位朋友依然以"你好"打招呼。龙芸每次听到"你好"这两个字时，心理就特别难过，因为她觉得对方并没有把自己当朋友，只是自己一厢情愿地将对方当作好友。

一天，郁闷不已的龙芸跟自己的闺密谈起了这件事。没想到朋友一听，便拍手说道："你真笨，这是他的习惯，你可以观察他对他其他朋友是否也是如此。而且喜欢以'你好'打招呼的人深得朋友信任，他应该拥有许多不错的朋友。"

龙芸暗暗地将闺密的话记了下来。第二次，她便央求这位朋友带她去见其他朋友。果然在见到其他人时，他依然微笑着以"你好"打招呼。龙芸心中的石头终于落地了。

打招呼最初只限于熟人之间，后来随着社会交流范围越来越广，和陌生人打招呼也屡见不鲜了。在社交礼仪中，打招呼是一门非常重要的学问，是联系感情的手段，是心灵沟通的方式，更是增进友谊的枢纽。它不仅能体现出一个人的个人修养与素质，还能让我们透过观察对方打招呼来看透他人的心思，洞察人们的内心世界。

故事中的龙芸因为不懂心理学，只知道以"你好"打招呼的人懂礼貌，比较有素养，却不知道透过朋友打招呼的方式来揣摩他的内心世界，因而误解了对方，陷入极度郁闷的情绪里。

不过值得庆幸的是，在闺密的提醒下，她的误会及时消除，这段情谊仍旧继续下去。

上面的故事告诉我们：既要从打招呼做起，学会与人交往，又要透过打招呼来看透他人的心思，洞悉他人的内心世界，这样更有助于我们与人交往。

延伸阅读

一些心理学家经过研究发现，从一个人打招呼的习惯用语中，能够看出一个人自身的很多东西。有的能揭示说话者的性格特征，有的则能揭示说话者的人际关系，有的还能看出一个人的前途。

◎以"你好"打招呼的人

喜欢以"你好"打招呼的人大多头脑冷静，有时候反应有些过于迟钝。他们对工作勤恳、一丝不苟，能够把握自己的感情，不喜欢大惊小怪，深得朋友们的信任。

◎以"嘿"打招呼的人

喜欢以"嘿"打招呼的人腼腆害羞，多愁善感，比较容易陷入尴尬为难的境地，有时由于担心出错而不敢做出具有创新和开拓进取的事情。不过，当他们与家里人或知心朋友在一起时，也很热情，讨人喜欢。晚上宁愿同心爱的人待在家中，也不愿去外面消磨时光。

◎以"喂"打招呼的人

喜欢以"喂"打招呼的人快乐活泼，精力充沛，直率坦白，思维敏捷，富有幽默感，善于听取不同的见解，能扬长避短，前途无量。

◎以"看到你很高兴"打招呼的人

喜欢以"看到你很高兴"打招呼的人性格开朗，待人热情、谦逊，喜欢参与各种各样的事情。这类人经常喜欢幻想，常被自己的情感所左右。

◎以"你怎么样"打招呼的人

喜欢以"你怎么样"打招呼的人爱出风头，内心渴望引起他人的注意，很有自信，时时陷入深思中。这种人在做事情之前，会反复考虑，不会轻易采取行动。不过一旦接受了任务，就会全力以赴地投入其中，不达目的誓不罢休。

2. 爱发牢骚的人容易被他人孤立

Q：我最近认识了一位朋友，我们一见面就仿佛遇见了老朋友，谈得非常高兴。他向我倾诉他的种种不幸，我十分同情他的遭遇，便常常安慰他。可是，我后来发现他不管遇到什么事，不管对什么人，都喜欢发牢骚。我很不喜欢他这点，可是又不知道怎么办？

A：爱发牢骚的人苛求完美，他们凡事都要求高水准、高理想，并时时在脑海中描绘完美的蓝图，由于无法实现理想，就牢骚满腹。这种人非常难相处，常被他人孤立，远离为上策。

事 例

柳菲是一个活泼、心地善良的女孩子。有一次，她在去打工的火车上认识了一位朋友小张。当时他们的座位离得特别近，便开始聊起天来。一聊之下两人就有一种相见恨晚的感觉，而且他们都在同一座城市打工，因此他们更加热情地聊了起来。聊到最后时，小张便向柳菲大吐苦水，在柳菲面前倾诉种种不幸。

柳菲非常同情这位朋友的不幸，便不停地安慰他。在柳菲的安慰声中，小张又立即表示自己总有一天会闯出一番轰轰烈烈的事业。柳菲因此认为这位朋友其实很有才华。在离别时，他们留下了电话号码。后来那位朋友常常约柳菲，在不断的接触中，他们相恋了。

在谈恋爱的过程中，每当遇到什么不如意的事情时，小张便向柳菲发牢骚。刚开始，热恋中的柳菲并不太在意，还以为男友是在意自己，把自己当成最亲近的人才这样牢骚满腹。因此，她总是温柔地安慰男友。

有一次，柳菲把男友小张带回家中。没想到小张在饭桌上，又发起了牢骚。柳菲的妈妈注意到了小张的说话习惯。于是便提醒柳菲："像他这种爱发牢骚的人容易被别人孤立，人际关系肯定不好，也不可能做出什么事业。"

柳菲一脸的不解："您为什么这么说，他很有才华的，只是一时怀才不遇。"

柳菲的妈妈回答道："因为没有谁是他的垃圾桶，时间久了，谁都忍受不了，自然就会离他而去。所谓人脉就是钱脉，一个人际关系很差的人怎么可能做出成绩来。所以，他这一辈子都会在抱怨声中度过，给不了你想要的幸福。我劝你果断地离开他，因为终有一天，你也会因为忍无可忍而离开他。"

柳菲似信非信。有一天，柳菲要求见小张的朋友，没想到小张拿起手机给他那些所谓的朋友打电话，支支吾吾地说了半天，没有一个朋友愿意跟他们一起去旅行。这时，柳菲才发现妈妈一点儿也没说错。她知道男友小张给不了她想要的幸福，因此果断地离开了他。

一个喜欢发牢骚的人苛求完美，他们凡事都要求高标准、高理想，并时时在脑海中描绘完美的蓝图，甚至成天沉迷于幻想的世界中，由于无法实现理想，就牢骚满腹。

这些人并不是缺乏自信，相反地，他们总是充满自信地认为自己是最完美、最不会出错的人。故事中的小张就是如此，他一面向柳菲大吐口水，抱怨自己的种种不幸，另一面又信誓旦旦地说自己总有一天会闯出一番事业。不懂心理学的柳菲傻傻地信以为真，后来在妈妈的提醒下，她才认识到一个喜欢发牢骚的人容易被他人孤立，不可能做出什么成就来，因此果断地转身离去。

是的，像这种满腹牢骚的人不可能拥有良好的人际关系，因为谁都不是他的垃圾桶，即使是自己最亲近的人，时间久了，最后也会离他而去。所以，女孩子在找男朋友时，遇到那种喜欢发牢骚的人可就要当心了。

不过，作为同事关系，我们不妨侧耳倾听这个人的牢骚，或许你也会有意想不到的收获。因为这种人在挑他人的毛病、找他人的缺点方面，拥有傲人的才能。

延伸阅读

在谈话的过程中，人们通常不会非常直接说出自己的真实意图，但是说话的内容则会不知不觉透露出信息。因此，我们可以从一个人谈话的内容中读懂其内心世界。

◎爱发牢骚的人容易被他人孤立

爱发牢骚的人满怀理想，甚至成天沉迷于幻想的世界中，对现实感到不满。这种人并不是缺乏自信，而是太过于追求完美，凡事都要求高标准、高理想，并时时在脑海中描绘完美的蓝图，由于无法实现理想，自然开始牢骚不断。

爱发牢骚的人大多认为向身边的人抱怨、吐吐苦水并不会出现什么大问题。但是试想一下，有谁愿意当别人的垃圾桶呢？因此当身边那些受不了他抱怨的人，一个接一个地离开，自己则陷入被别人孤立的境地，以致无法受到提携，怀才不遇。

◎常说错话的人表里不一

心理学家弗洛伊德认为说错、听错或者写错等"错误行为"都是将内心真正的愿望表现出来的行为。通常来说，说错话的一方都会找出自己"不小心"或"不是真心的"等借口。事实上，不小心说错的话才是他真正想说的。因为当一个人越想去隐瞒、掩盖一件事情时，就越容易说错话或做错事。

所以，我们能够揣测那些常常会说错话的人大部分都是在隐藏真实的自己，是表里不一的人。

◎粗话连篇的人欲求不满

小时候，男孩儿如果在父母面前说一些粗话，一定会受到父母严厉的训斥。因此，他们常常在与同伴玩耍时说粗话。他们说粗话并没有恶意，只是一项"游戏"罢了，因为这种游戏能满足他们摆脱父母教训的叛逆心理。随着年龄的增长，男孩子这种心理逐渐演变为一种欲求不满的心理。

由此可以得知那些喜欢说粗话的人属于某些方面欲求不满的类型。他们常常感到焦躁不安，但又没有办法排除，长年累月，只要碰到偶发事件，他们便借题大肆发挥。

3. 绕弯儿说话的人能左右逢源

Q：最近公司来了一位新同事。有一次，我跟他一起去见客户，我觉得他总是绕弯儿说话，他这是虚伪的表现吗？

A：绕弯儿说话的人能左右逢源。他们在说话时，能站在对方的立场考虑问题。先讲一些让对方能接受的话，进而表达自己真正的想法，有助于建立起很好的人际关系。

事 例

乔勇是一家公司的销售主管，公司最近来了一位新的推销员小王。销售经理把小王安排在乔勇的小组里，让乔勇带领他。乔勇不怎么喜欢小王，因此专门派他去跟一些不好洽谈的客户面谈。然而不管多难的客户，这位新员工总能凯旋而归。

乔勇感到不解。在一次任务中，他便跟着小王一起去见那位难缠的客户。这位客户是一位老太太。小王来到老太太的家门口，轻轻敲响了门。一开始那扇门只打开了一个小缝，一位老太太探出头来，一看见小王，就立即把门关上了。

乔勇站在旁边不动声色地观察着小王的一举一动。过了一会儿，小王又继续敲门，那位老太太又打开门来，她这次没有立即关上门，而是把对他们公司的不满，一股脑儿地说了出来。

小王一点也不生气，似乎知道这位女客户很排斥这些上门推销产品的推销员，于是就微笑着等那位妇人说完后，才说道："真的很抱歉，我们打扰了你。但我不是来这里推销电器的，我只是想买一些鸡蛋。"那位老太太用怀疑的眼光看了看他们，然后将门开大了一点。

小王又说："我很早就注意到你那些优良的茶花鸡，我想买十斤鸡蛋。"

老太太感到很好奇，便把门又打开了一点，问道："你是怎么知道我家的鸡是茶花鸡呢？"

小王回答道："我家也养鸡，但我从来没见过像你家这么优良的茶花鸡。"

老太太仍然有些怀疑地问道："那你为什么不吃自己家的鸡蛋呢？"

小王解释道："因为我家用饲料喂鸡，肯定不能跟你用稻谷喂鸡好。"

那位老太太听了他的解释，脸上的表情温和多了，也就放心地走了出来。小王跟随老太太走了进去，他环视四周，发现这家农舍有一个很好看的牛棚。

看到这些，小王又继续说道："我可以打赌：你养鸡所赚的钱，比你先生养乳牛所赚的钱还要多。"

那位老太太一听这话，非常高兴，因为她赚的钱确实比她先生的钱多。于是，她非常激动地邀请小王参观她的鸡棚。

果然没过多久，那位老太太便跟小王说她曾听闻一些邻居说，在鸡棚里安装一些电器很有用，而且运作效果极好。老太太知道这个消息后，就询问小王的意见，问他在鸡棚里安装电器是否值得。两个星期后，小王把电器卖给了那位老太太。

乔勇回到公司以后，知道一个绕弯儿说话的人前途无量，左右逢源，于是便改变了对小王的态度，并开始重用他，两人建立了良好的关系。没过多久，销售经理辞职了。小王因为业绩出色，在同事的拥护下，摇身一变，成了销售经理。乔勇在得知这个消息后，额头上不由自主地流出了一些汗珠。

对一个拒绝购买电器的老太太，故事中的小王并没有直接表达自己推销电器的意图，而是采取了"去直就弯，软硬兼施"的推销方法，告诉老太太自己不是来推销产品的，而是来买鸡蛋的。如此一来，就赢得了老太太的好感，把他迎进了农舍里。后来当老太太得知邻居家都购买了电器时，她便主动找小王购买电器。

乔勇正是看到了小王绕弯儿说话的说话方式，他深知小王肯定是一个会说话的人。这样的人能左右逢源，肯定拥有不错的人际关系，不容小觑，因此改变了对小王的态度。后来果不其然，小王最后摇身一变，成了他的上司。

在职场中，如果你发现了同事喜欢绕弯儿说话，可不要小觑他哦！这种会说话的人很能站在别人的立场上思考问题，他们不会得罪人，拥有良好的人际关系。如此一来，就比一般人拥有更多的发展机会。

延伸阅读

如果一个人说话啰啰唆唆不分场合，你会发现周围的人都很讨厌他。一个人如果掌握了正确的说话方式，那么他周围的人都很喜欢他。人脉就是命脉，拥有良好人脉的人前途无量。所以我们可以从一个人的说话方式判断其说话是否得体，从而了解其人际关系。

◎透过第三者表达赞美的人拥有良好的人际关系

如果对方是从他人那里听到你的称赞，比你直接告诉他本人更高兴。相反地，如果是批评对方，千万不要透过第三者告诉当事人，避免添油加醋。如果你从第三者那里听到了某个人对你的赞美，那么你就应该揣测对方是一个会说话的人，并且拥有不错的人际关系。

◎绕弯儿说话的人能左右逢源

绕弯儿说话的人能左右逢源。他们在说话时，能站在对方的立场考虑问题。先让对方能接受一些话，再进而表达自己真正的想法，这样便有助于建立起良好的人际关系。

◎批评同事注重场合的人深得同事的喜欢

有些人绝不在公共场合批评同事，即使要给同事提建议，也是在私底下关起门来说。这样的人很容易获得同事的喜欢。

4.义正词严的人容易受到他人尊崇

Q：我的两位下属工作都非常出色，他们一个做事稳妥，说话义正词严，另一个做事雷厉风行，但说话尖酸刻薄。最近公司市场经理的位置出现了空缺，我应该提拔哪一个呢？

A：按常理来说，经理应该做事雷厉风行。可是，一个说话尖酸刻薄的经理不能受到下属的拥护，将很难展开工作。而一个说话义正词严的经理则能为员工请命，更容易获得下属的尊崇。所以，提拔说话义正词严的人更好。

事　例

周明是一家玩具制造公司的老板。前几天，市场部经理辞职了，经过几天的思索，周明决定从公司内部员工提拔为内部经理。

经过初步筛选，其中的两名主管张兵与唐宏伟是最佳人选。

确定这两个选择对象后，老板周明便时常观察他们两个的一举一动。

经过几天细致观察，周明发现张兵做事稳妥，而唐宏伟做事雷厉风行。周明心里很清楚，市场经理更需要那种做事雷厉风行的人，这样的性格有利于开拓市场。他们一旦决定了，就毫不犹豫地去做。而做事稳妥的人考虑问题虽然全面，但很容易陷入瞻前顾后的处境。因此，周明初步将唐宏伟定为最佳人选。

不过，后来几天的观察让周明改变了主意。原来他发现张兵虽然做事稳妥，但说话却义正词严。那天，当公司主管对一位员工的惩罚过重时，他毫不犹豫地站了出来，为这位员工请命。周明非常佩服他的胆量，也深知这样的人很容易受到他人的尊崇，颇得人心。经过观察，果然不出周明所料，张兵非常受下属们的欢迎。

然而，与张兵完全不一样的唐宏伟却让员工望而远之。原来他做事雷厉风行，任何时候，只要是他下达的命令，员工都必须在第一时间完成。如果谁没有完成，他则言辞过激地训斥员工，而且说话尖酸刻薄，让员工感到十分难堪。因此，员工对他是口服，但心不服，背地里常常数落他的不是。

经过一番权衡，周明发现张兵更适合任市场部经理，于是决定提拔张兵。此方案一经宣布，立即获得员工们的一致赞同。

张兵与唐宏伟是两位工作成绩同样出色的主管，为什么老板周明最终决定提拔做事稳妥的张兵，而不是做事雷厉风行的唐宏伟？

回顾故事，我们知道老板周明在做出这个决定之前经过一番慎重的权衡。从做事的风格来说，做事雷厉风行的唐宏伟更容易任经理。可是他说话尖酸刻薄，不考虑下属的感受，像这样的经理虽然有很极强的决策力，但是不能深得员工拥护，很难做出成绩来。而做事稳妥的张兵说话义正词严，像他这样的人更容易获得他人的尊崇，更容易获得员工的拥护。所谓人脉就是命脉，如果他一旦决定执行某项任务，那么员工就会心甘情愿、齐心协力地去完成，自然容易做出成绩来。

从上面的故事中可知，人们的语言风格虽然不会非常直观地表达出自己的意图，但则会不知不觉地透露出一个人的人际关系。我们透过观察一个人的语言风格，就能揣摩出对方的人际关系，也能从中判断出他将来可能取得的成就。

延伸阅读

人们在谈话的过程中，一般不会直接说出自己的意图，但他们说话的风格则能透露出他的思想与生活相关的东西来。语言风格是一个人人际关系的显示器，一个人的人际关系会在其或俗或雅的语言风格中自然而然地流露出来。所以我们透过观察一个人的语言风格，就能看出他的个人修养，也能看出他是否拥有良好的人际关系。

◎夸夸其谈的人不拘小节

夸夸其谈的人认为办大事者应不拘小节，他们从来不将琐碎小事挂在心上。这类人考虑问题宏博深远，善于从宏观、整体上把握事物，思想富于创见和启迪性，即使不是"绝后"的，也往往有"空前"的意味。他们的理论缺乏系统性和条理性，论述问题不能细致深入。由于不拘小节而可能会错过重要的细节，让后来的事情埋下隐患。所以，他们应该谨记"千里之堤，溃于蚁穴"的道理。

◎义正词严的人容易受到他人尊崇

义正词严的人公正无私、原则性强、是非分明、立场坚定，言辞之间体现出义正词严、不屈不挠的精神。他们最能主持公道，容易受到人们的尊崇。不过，他们不苟言笑的行为却让人产生敬畏之情。这类人在处理问题时不善变通，为原则所束缚而显得非常固执。

◎辛辣讽刺的人容易得罪人

辛辣讽刺的人知识丰富、言辞激烈而尖锐。他们懂得观察生活，视角独特，总是能把在政治、经济和娱乐界的弊端活灵活现地表现出来，是一个批判高手。但这类人因为言辞激烈而尖锐，喜欢批判他人，总在不经意间得罪一些人。

◎风趣幽默的人是大众的"减压员"

说话风趣幽默的人，想象力非常丰富，颇具创造力，而且看重自由自在的生活，崇尚快乐自由的个性。他们在很多场合下，开一些适当的玩笑消除人们的压力，调节令人窒息的气氛，因此人们亲切地称他们是大众瞩目的"减压员"和"气氛调节师"。

5.喜欢谈论他人私事的人没有知心朋友

> Q：我刚认识了一个朋友，每次一见到她，她总会谈论他人私事，例如，谁家老公又失业了，谁家的儿子谈了一个不怎么样的女朋友，谁家的老太太得了什么怪病，等等。我不知道她是一个什么样的人，我总觉得这样的话题十分无聊乏味。请问我是不是应该离开这样的朋友？
>
> A：一般喜欢谈论他人私事的人具有强烈的支配欲，但又缺乏领导力，他们希望透过谈论他人私事、丑事来获取心理上的优越感。这种人内心比较空虚，生活上没有什么知心朋友。

事 例

姜丽萍是一个很喜欢学习、很安静的女子，不喜欢起哄、也不喜欢说三道四，更不喜欢背地里谈论他人私事。婚后更是如此，跟朋友喝茶聊天时，也是探讨如何教育孩子。

然而，姜丽萍最近认识了一位朋友，名叫李瑶。这位朋友穿着干净利落，而且乐于助人，给姜丽萍的感觉很好，因此她们成了无话不谈的好朋友。

刚开始时，她们见面似乎没有什么可聊的话题，两个人喝喝茶，聊聊天，就各自回家了。可是后来李瑶便跟丽萍谈起了别人的私事，说她的一位朋友的老公最近失业了，一整天待在家里，不像个男人。姜丽萍虽然不喜欢谈论别人的私事，但仍然听着她诉说，不做任何评价。

再后来，这位朋友一见面就跟姜丽萍谈论他人私事，无非就是张家长，李家短的。时间一长，姜丽萍听着十分乏味。有好几次她都想打断谈话，想离开这位朋友。可是她始终鼓不起勇气，最让她郁闷的是，李瑶越来越频繁地邀请她，而她又不能拒绝。

一天，姜丽萍跟自己的另一位朋友聊天时，无意中聊到了喜欢谈论他人私事的人。朋友听完后便说："喜欢谈论他人私事的人具有强烈的支配欲，但又缺乏领导力，他们希望透过谈论别人私事、丑事来获取心理上的优越感。这种人内心比较空虚，生活上没有什么知心朋友。所以这样的人不管遇到谁，都不可能与对方成为真正的朋友。"

姜丽萍立即想到了李瑶，心里有种直觉告诉她这样的朋友不可交。因此她便向这位朋友坦露了心声。这位朋友劝导说："你还是果断地做出决定吧！她正因为没有朋友，所以才会这么频繁地跟你见面，一旦认识了新的朋友，就会忘记你了。"

姜丽萍终于下定决心远离这位朋友。离开这位朋友，她心里突然一下子感觉到轻松了许多。

一个人心里的想法，往往是从语言中流露出来的。如果你想了解一个人心里的想法，那么就需要用心去洞察出她话语中的"弦外之音"。因为人们往往喜欢把自己的真实情感深深地隐藏起来。

透过一个话题探索到对方的深层心理，其方式有两种：一是根据话题内容来推测对方的心理秘密；二是根据谈话的展开方式洞察对方的深层心理，以了解对方的个性特征。如果要想了解对方的性格和内心动态，最容易着手的办法，就是观察话题和说话者本身的相关情况。所以说从言谈话语中，是了解人的重要途径。

故事中的姜丽萍就是因为不懂得从他人谈话的话题来揣测对方心理的真实意图，所以才让自己过得十分郁闷。她虽然不喜欢朋友李瑶这样去谈论别人的私事，但她并不知道对方的真实心理。是的，如同姜丽萍朋友所说，喜欢说这个话题的人内心空虚，并没有真正的朋友，所以这种朋友不值得深交。

所以，我们在交朋友时，在与朋友谈话的过程中，我们应该仔细留意对方谈论的话题，一定会获得一些有益的东西。因为谈话者不是非常直观地透露自己的资讯，但随着谈话的进行，对方就会在不知不觉、有意无意中暴露内心的秘密。

延伸阅读

在日常交流中，虽然任何一件事物都可以成为我们谈论的话题，但不同的话题却在不知不觉、有意无意中暴露出说话者内心的秘密。如果你细心留意对方谈论的内容，就一定能获得一些有益的东西。

◎喜欢谈论他人私事的人

最常见的这种情况是他所熟悉的人，例如，说家里出了点意外，或是子女怎么怎么了，甚至是别人的隐私。他们往往在与别人谈话的时候会把这些当作自己的话题来叙述，这种人往往具有强烈的支配欲，但又缺乏领导能力，希望通过谈论他人的私事，尤其是他人的隐私、丑事来获取心理上的优越感。一般而言，这种人内心比较空虚，生活上没有什么知心朋友。

◎喜欢谈论自己的人

如果一个人常常谈论自己，不管是自己的经历，还是自己家庭的一些事情，那么都说明这个人的性格一般都比较外向，主观意识较强烈，爱表现和公开自己，多少有点虚荣心。如果这种人能在公共场合主动讲话，则说明这个人敢于表现自己，善于向众人表明自己的想法，有影响并领导他人的勇气和魄力。

◎喜欢谈论国家大事的人

如果一个人经常谈论国家大事，表明他的视野和目光比较开阔，具有长远的目光和宏伟的规划，而不是局限在某一个小圈子里。

◎喜欢散布小道消息的人

生活中，我们常常见到两三个人在一起，互相咬耳朵，传递着一些鲜为人知的小道资讯。通常作为传播小道消息的传播者，很可能是希望引起他人的关注，希望大家都来关注自己，从而满足一下自己不甘平淡的心。这种人爱慕虚荣，唯恐天下不乱，可是一旦出了乱子又很害怕。可以说这种人是十足的小人。

◎喜欢谈论生活琐事的人

喜欢谈论生活琐事的人往往是居家型和安乐型的人，他们很会享受生活的舒适和安逸，与世无争，平易近人。他们比较重视家庭，因此家庭关系及家庭生活往往处理得比较好。

◎喜欢谈论与自己无关的人或者名人的人

这种人一般内心非常孤独、空虚，没有自己的知心朋友，在他们的生活中，如果不谈论这些，他会觉得没有什么可以说。

◎喜欢谈论金钱的人

喜欢谈论金钱的人生活乏味，没有目标，缺乏梦想，只知道赚大钱是自己人生唯一的目标，因此对于别人会有何种梦想，他漠不关心。所以，他们身上一旦没有足够多的钱，他们就会感到十分惶恐与不安，而且会有一种被抛弃的感觉。他们错误地认为，自己身边所有的人或事都是朝着钱去的。由此可知，这种人内心其实是十分缺乏安全感的，生活是极为乏味的，即使累积了很多的财富，他还是不能满足，不会生活，更不会生活得幸福快乐。

本章小结

1. 喜欢以"你好"打招呼的人

喜欢以"你好"打招呼的人最容易获得朋友的信任。他们通常有一群很合得来的朋友，可以试着去交往。

2. 爱发牢骚的人

爱发牢骚的人苛求完美，他们凡事都要求高标准、高理想，并时时在脑海中描绘完美的蓝图，由于无法实现理想，就牢骚满腹。这种人非常难相处，常被他人孤立，远离为上策。

3. 绕弯儿说话的人

绕弯儿说话的人能左右逢源。他们在说话时，能站在对方的立场考虑问题。先讲一些让对方能接受的话，进而表达自己真正的想法。这样，有助于建立起很好的人际关系。

4. 义正词严的人

一个说话义正词严的经理则能为员工请命，更容易获得下属的尊崇，会成为一个很好的领导。

5. 喜欢谈论他人私事的人

一般喜欢谈论他人私事的人具有强烈的支配欲，但又缺乏领导力，他们希望通过谈论他人私事、丑事来获取心理上的优越感。这种人内心比较空虚，生活上没有什么知心朋友。

第六章

小处破解谎言，揭开说谎者的真实面目

在现实的生活中，我们总会不断地听到形形色色的谎言，除了那些因为礼貌不得不说的谎言，绝大多数谎言对我们的欺骗都会使我们蒙受损失或受到伤害。不管是一个说谎者的技术有多高超，他们总会在小处露出马脚。所以，我们只要随时保持清醒的头脑，就容易揭开说谎者的真实面目。

1. 在说话的过程中不断地清喉咙表明其正在掩饰自己内心的焦虑

Q：我是一名销售员。这天，我跟客户洽谈时，与以前不同的是，他虽然眼睛看着我，但说话时总是不断地清喉咙，好像喉咙里被卡了什么东西一样。这是为什么呢？

A：说话时不断地清喉咙很可能是为了变换说话的语气和声调，以掩饰自己内心的某种焦虑和不安。所以你应该多注意！

事例

李书明是一名销售员。这次，他跟一位老客户洽谈，这位老客户很随和，和蔼可亲。基于以往的经验，他完全有把握拿下这位客户。

李书明像往常一样，早早地来到了约定的地点。他早早为客户点好他喜欢喝的咖啡，可是等了很久，却不见这位客户的身影。

等了好长时间，李书明便打电话给那位客户。接通电话后，客户先清了清喉咙，说道："你再等一下，我一会儿就到。"

李书明放下电话，继续等待。可是不知道过了多久，那位客户依然没有出现。李书明正要打电话时，那位客户终于出现了。他正要起身致意时，那位客户就先伸出手来，清了清喉咙后说道："真对不起，今天遇到一点儿事，所以来迟了。真抱歉！"

李书明想跟对方说什么，但还没来得及开口，那位客户的手机却响了起来。客户避开他，接起了电话。回来时，清了清喉咙，满脸歉意地说道："真抱歉，刚才我妻子打电话说家里有急事，需要我回去。我必须得回去，真对不起，让你久等了，我又要离开了。"

李书明只好表示理解。望着客户远去的背影，李书明依然摸不着头脑。他不知道这位客户在演什么戏，以前很快就签单子，而这次却不知怎么了。

就在李书明若有所思时，与他同行的一位朋友打来电话说，他同事今天签了一张大单子，并说出了这位客户的名字。李书明不由得大吃一惊，那位客户竟然就是自己今天见的这位客户。他一下子瘫坐在椅子上，这时才想起那位客户这次说话时总是不断地清喉咙，他以为客户的喉咙里卡了什么东西，却没想到他是在掩饰自己内心的焦虑。

后来，李书明才知道他被竞争对手陷害了，这位竞争对手在拜见这位客户时，故意诋毁他们公司的产品，所以这位客户便跟他们展开合作。

李书明懊恼地想道："如果我知道他不断地清喉咙是为了掩饰自己内心的不安，及早解除误会，也许我就不会错失这位老客户了！"

常言道："听话听声，锣鼓听音。"透过人们发出的不同声音，说出的不同话语，来透视一个人的心理，是很有道理的。

一般来说，内心清顺畅达的时候，声音就会清亮和畅；内心平静的时候，声音会平和；内心兴奋之时，言语就会变得较激动。所以，透过声音不仅能辨别一个人的心事，还可以辨别他的职业、志向、心胸等。

对于透过声音来判断一个人的内心世界，《逸周书·视听篇》也有独到的论述：内心诚信的人，比较坦然，说话声音清脆而且节奏分明。而内心不诚实的人，比较心虚，说起话来支支吾吾，最明显的一个表现就是说话时不断地清喉咙。

故事中的客户在说话时，不断地清喉咙其实就是在变换说话的语气和声调，以掩饰自己内心的焦虑和不安。假如李书明及时认识到客户不断地清喉咙是为了掩饰自己内心的不安，从而及早解除误会，也许他就不会错失这位老客户了！

所以，在人际交往过程中，我们要注意读懂对方的弦外之音。

延伸阅读

透过辨声能够从一个人的欲望、抱负和经验分析上来进一步了解这个人，从而真正地解读对方的内心世界。

◎说话不疾不徐又声音细小的人，让人感觉既轻松自然又和蔼亲切

这一类型的男性多待人忠实厚道，胸襟比较开阔，有一定的宽容力和忍耐力，能够吸取他人的意见和建议为己所用，但同时又不失自己独到的见解。他们较富有同情心，能够关心和体谅他人。而这一类型的女性则多比较温柔、善良、善解人意，但有时候也显得过于多愁善感，甚至是软弱。

◎说话大声的人豪爽

这样的人多是比较粗犷和豪爽的，他们脾气暴躁、易怒，容易激动。为人耿直、真诚、热情，说话非常直接，有什么就说什么，从来不会拐弯抹角绕圈子。这一类型的人多容不得自己受一点点委屈，他们会据理力争，一直到弄出个水落石出为止。他们有时会充当急先锋，有召唤、鼓动的作用，但有时候也会在不知不觉当中被他人利用，自己却浑然不知。

◎话中多唉声叹气有很强的自卑心理

这样的人多有比较强的自卑心理，心理承受能力比较差，在挫折困难面前，或是遭遇失败，就会丧失信心，显得沮丧颓废，甚至是一蹶不振，没有了再站起来的勇气。这一类型的人从来

不善于在自己身上寻找导致失败的原因，而总是不断地找各种理由和借口为自己开脱，然后安慰自己，以使一切都变得自然而然。他们时常哀叹自己的不幸，却以他人更大的不幸来平衡自己。

◎在说话的过程中不断地清喉咙表明其正在掩饰自己内心的焦虑

这样的人可能是为了变换说话的语气和声调，还有可能是为了掩饰自己内心的某种焦虑和不安。

◎口哨声表明其正在掩饰自己内心的不安情绪

有时候是一种潇洒或处之泰然的表示，但有的人也会以此来虚张声势，掩饰自己内心的不安情绪。

◎说话声音低沉而粗的人稳重

这样的人多比较现实和实际，他们的思想比较稳重、沉着，在为人处世等各方面也比其他人更加谨慎和小心，浑身上下总会散发出一股成熟的魅力，潇洒飘逸，能够吸引他人目光。这一类型的人大多有比较强、比较快的适应能力和随机应变能力，在不同的环境和事情面前，能够迅速地调整自己，使自己与之保持协调一致。

◎说话速度特别快表示性格外向

这样的人多比较外向，比较青春和有活力，朝气蓬勃，总给人一种阳光般的感觉。

2.触摸鼻子的丈夫往往在撒谎

> Q：这天晚上，老公回来晚了，我问怎么回得这么晚，他摸了摸鼻子说："在加班。"可是我怎么感觉他好像在说谎呢？
>
> A：判断一个人有没有撒谎，不是仅凭感觉，而是应该观察他的行为举止。通过观察他的行为举止，你就能判断他有没有说谎。

事　例

蓝丽洁跟老公结婚一年了，他们每天下班后就回家做饭，看看电视，周末时一起去看电影，一起去公园，生活过得很美满。

最近一段时间，老公常常加班，很晚才回来。蓝丽洁一个人闲来无事，便开始看美剧《谎言终结者》（ *Lie to Me* ）。自从看了这部美剧以后，她就开始用里面教的各种方法来分析老公跟自己说话时的语气、动作与表情，以此探求他有没有对自己说谎。

　　一天晚上，老公又打电话说他要加班。但是，蓝丽洁从电话里听老公说话时总是有些犹豫，因此她断定老公在说谎。因为一个人说话时迟疑、重复，没有办法很好地组织好自己的语言，就很可能是在说谎。

　　不过，蓝丽洁装作不知道，偷偷观察他在隐瞒什么事，于是她便来到老公公司楼下等他。等他下班后，蓝丽洁又偷偷跟踪他。结果发现，老公去跟他的好朋友聚会，他之所以瞒着老婆，是因为蓝丽洁曾经说他的那些朋友是"狐群狗党"。

　　晚上老公回到家，蓝丽洁却装作什么也不知道，像往常一样，拉着老公的手问道："今天是不是很辛苦？工作完成了吗？"

　　老公摸了摸自己的鼻子，说道："我努力工作都是为了让你过上更好的生活，一点也不辛苦。"

　　蓝丽洁很清楚男人摸鼻子，通常是在说谎。对于老公的谎言，她一笑置之，并没有去戳破。

　　有时候，男人某件事情不想让老婆知道，便往往选择说谎。你的老公说谎了吗？

　　《木偶奇遇记》里曾有这样一段对白：

　　"怎么知道我在说谎？"

　　"我亲爱的孩子，谎话一眼就能看出来，因为它只有两种，一种是短腿的，一种是长鼻子的。你说的谎是长鼻子的。"

　　在童话故事里，皮诺丘说谎时鼻子会变长，而在现实生活中，人们说谎时会摸鼻子。撒谎会长鼻子虽然是一个很有趣的说法，但说谎确实会引发鼻子部位的血液流量增大，导致鼻子膨胀而产生刺痒的感觉。所以一个人在撒谎时，触摸鼻子是常见的动作。

故事中的老公在说："我努力工作都是为了让你过更好的生活，一点也不辛苦。"这句话时，不自觉地摸了摸鼻子。从触摸鼻子这个动作中，老婆就断定他在说谎。蓝丽洁很清楚自己碰到的是无伤大雅的小谎言，因此她并没有去戳破。不过必须提醒大家，假如老公在原则性问题上增加说谎的强度，那么你就要想想是否该采取进一步的措施了。

还有一点值得大家注意，从触摸鼻子这个动作来判断对方有没有说谎只是一种辅助手段，而不是一个判定手段。在借助此方法时，一定要记住这样一个规则：单纯的鼻子发痒往往只会引发人们反复摩擦鼻子这个单一的手势，而和人们整个对话的内容、频率和节奏没有任何关联。假如这之间存在某种联系，你就必须对他的谈话内容加以警惕了。

延伸阅读

一些心理学家经过研究告诉我们，当说谎者想竭尽全力隐瞒时，即使他的语言安排得天衣无缝，仍然会露出一些肢体动作以及虚假的情绪。例如，摩擦眼睛、摸鼻子等。

◎摩擦眼睛的人在撒谎

假如一个人说的是真心话，那么他肯定有勇气看着你的眼睛说。假如他摩擦眼睛，并将头转向别处时，那么这个动作便出卖了他。这表明他不仅说了谎，而且还正在编造更大的谎言。

◎触摸鼻子

美国芝加哥的嗅觉、味觉治疗与研究基金会的科学家们发现，当人们撒谎的时候，一种名为儿茶酚胺的化学物质就会被释放出来，从而引起鼻腔内部的细胞肿胀。科学家还透过可以显示身体内部血液流量的特殊成像仪器，揭示出血压也会因为撒谎而上升。血压上升导致鼻子膨胀，从而引发鼻腔的神经末梢传递出刺痒的感觉，于是人们只能频繁地用手摩擦鼻子以舒缓发痒的症状。

3. 约会中抢着坐左边的男人有隐情

Q：我男朋友跟我约会时，总是抢着坐在我的左边，然后把右侧的脸给我看，只有演员拍照时会注意自己的位置，他又不是演员，需要这样吗？

A：在约会时，如果你男友总是把右半边脸对着你，事态就有些严重了，你最好注意一下。

事 例

李晓玲跟男友恋爱一年多了，男友长得英俊潇洒，风流倜傥，是很多女孩心目中的白马王子。李晓玲击退了所有竞争对手，终于掳获了"白马王子"的心。因此，李晓玲觉得自己拥有一个让这么多女孩儿羡慕的男友，心里开心不已，而且男友对他还很温柔体贴，这让李晓玲觉得幸福无比。

可是，男友有一个举动却让李晓玲百思不得其解。每次出去约会时，只要在能坐的地方，男友总是抢先坐在她左边位置，而她每次看到的都是男友的右半边脸。

有一次，李晓玲挽着男友的手臂来到了酒吧里。刚到酒吧，男友就急忙找了一个位置坐在李晓玲的左边。李晓玲这一次做法与平常不同，她没有坐最近的位置，而是绕过男友坐在了男友的右边。

男友突然紧张了起来，而李晓玲依然若无其事地像往常一样点菜、倒茶水等。过了好一会儿，李晓玲突然问道："你怎么总喜欢坐在我的左边？"

男友支支吾吾地回答道："我们中国不是讲男左女右吗？我习惯这样了。"

李晓玲发现男友在说这句话时，左脸的表情极其尴尬，他是否正在努力掩饰自己的情绪。凭直觉，李晓玲感觉男友此时正在说谎。她以前从没观察到过这种状况，男友以前说话都非常爽快，右脸的表情也非常平和。有一句话说："左脸比右脸更可靠。"难不成男友一直都在隐瞒自己什么。产生了这种怀疑，李晓玲从那以后便仔细观察男友。

果然，没过多久，李晓玲就发现男友偷偷地跟一个神秘女子来往。李晓玲流着眼泪向男友提出了分手，而男友却不以为然。

在约会过程中，你有没有注意观察你的男友，他是不是也抢着坐在你的左边，用右脸面对你啊？

一个人的脸可以分为左右两部分，有时左右对称活动，有时左右分别出现不同的表情。当人脸左右对称活动时，不管是欢笑、发怒，还是悲伤，都是发自内心的。与此相对，当人对自己的感情有意识的时候，脸的左右会出现不同的表情。例如，当众出丑，面露苦笑时；鄙视某人，表示轻蔑时；失败后，感到惋惜和悔恨时……上述状况下的表情，都是左右不对称的。

我们的左右两半脸有着不同的分工。左脸直通人的心灵，经常表露内心的真实感情，因此是"隐蔽的"面孔；而右脸则如一副面具，会按照理性的指引做出假笑、假悲伤、鬼脸等表情，而将内心真实的喜怒哀乐隐藏起来，因此是"公开的"面孔。因此，许多时候，我们左脸所显露的资讯，正是右脸所要掩饰的。

故事中的男友之所以会抢着坐左边，就是想把右脸展示给女朋友，而右脸不容易泄露真实的心情。由此可知，他想隐藏某些真实的情感。很幸运的是，在约会的过程中，李晓玲注意到了男友喜欢抢着坐在她左边的这一动作，并通过这一动作揭露出了他的谎言，顺藤摸瓜，最终发现男友脚踏两条船。认识到事情的真相后，李晓玲果断提出分手。

延伸阅读

人的面部表情可以"说"实话，也可以"说"谎话，而且常常在同一时间里既"说"实话，又"说"谎话。因此，生活中的很多人都常常利用面部表情作为掩饰和伪装其真实思想感情的"面具"。如果我们不注意观察一个人的面部表情，那么很可能被他人所欺骗。

◎人的面颊颜色变化

一般来说，人的面颊的颜色会随着情绪的变化而发生相应的变化，其中最明显的就是变红和变白。人们在害羞、羞愧或尴尬等情形中，脸颊往往容易变红。有时候，一个不会说谎的人在说谎时，脸颊也容易变红。

◎面部表情持续时间长短也能反映说谎的印迹

一般来说，面部表情停顿时间长的表情很可能是假的，比如，10秒钟或10秒钟以上的时间，甚至停顿5秒钟的表情也可能是不真实的。

◎左脸比右脸更可靠

我们的左右两半脸有着不同的分工。左脸直通人的心灵，经常表露内心的真实感情，因此是"隐蔽的"面孔；而右脸则如一副面具，会按照理性的指引做出假笑、假悲伤、鬼脸等表情，而将内心真实的喜怒哀乐隐藏起来，因此是"公开的"面孔。所以许多时候，我们左脸所显露的信息，正是右脸所要掩饰的。

4. 喝酒时紧捂住杯口的人正在掩盖自己的真实情感

> Q：与客户谈判时，我发现他喝酒时喜欢紧捂住杯口，好像有意掩盖自己的真情实感。
>
> A：是的，喝酒时喜欢紧捂住杯口的人虚伪，他们有意掩盖自己的真情实感。针对这样的客户，多奉承他就能攻破他的心防。

事 例

乔晓平是一家保险公司的业务员。公司最近开发了一个大客户作为重点推销对象，这位客户沉默寡言，很不好搞定。公司派出的几个业务员都失败而归。乔晓平知道这件事后，便自告奋勇前去洽谈业务。

乔晓平将谈判地点安排在一家高级餐厅。这位客户果然是一个沉默寡言之人，在刚喝酒时，他们除了互相敬酒，什么也没说。不过，细心的乔晓平却从这位客户喝酒的动作看出了端倪。

在喝酒时，乔晓平发现这位客户紧紧地捂住酒杯口，正在努力掩饰自己的真情实感。他曾在一本书上看到过这样一句话："喝酒时，喜欢紧捂住杯口的人虚伪。"想到这里，他的嘴角浮现出一抹不易察觉的笑容。于是他举起酒杯，很恭敬地说道："张总，我早就听说过你是位远近驰名的老板，只是苦于一直没机会来拜访你。今天终于有机会了，我们一定要好好地干一杯。来！干啊！"

"什么？远近驰名的老板？"那位老板虽然感到很惊讶，但心里却十分开心。

乔晓平看到他脸上表情的转变，就知道自己的奉承已经取得效果了。于是，他不疾不徐地说道："是啊，根据我调查的结果，大家都说这个问题最好请教你。"

那位客户一听，顿时乐不可支，假装诧异地说道："大家都在说我啊！真不敢当，那到底是什么问题呢？我看看能不能帮你解决。"

乔晓平抱起拳头说："实不相瞒，是……"

乔晓兵就这样轻而易举地过了第一关，也取得了那位客户的信任与好感。经过一番交谈，那位客户终于决定投保。

回到公司后，同事纷纷前来讨教秘诀。乔晓平笑着说："我从他喝酒的姿势中看出他爱慕虚荣，想要说服这类客户签下订单，就要用奉承的话来攻破他的心理防线。"

在与客户洽谈业务时，往往觥筹交错。从客户喜欢喝的酒中，你能发现很多意想不到的秘密，但注意观察客户喝酒的姿势，从他们喝酒的姿势中，你能发现更多秘密。

喝酒都会端起杯子，而端起杯子这个动作虽然简单，却大有深意。一些细心的心理学家与行为学家对人握杯的方式进行了长时间的研究，发现不同的握杯方法可以表现出不同的内心世界。

故事中的客户沉默寡言，不善言谈，让人捉摸不定，因此让业务员们久攻不下。然而，乔晓平知道无法从语言上找到突破点，于是就从他的肢体动作下手。细心的他很快就发现对方喝酒时喜欢紧捂住杯口这一动作。他因此断定这位客户爱慕虚荣。想要说服爱慕虚荣这类客户，就要说些奉承的话来突破他的心防。

有一位百万富翁很坦然地说："我就喜欢奉承话，自己喜欢听，别人也喜欢听，马屁就是我屡试不爽的秘密武器！"故事中的客户在乔晓平的奉承下，慢慢地放下了戒备，很快就答应签保单。

上面的故事告诉我们一个道理：在与客户洽谈时，我们首先要弄清楚对方的性格，针对对方不同的性格，采取不同的对待方式，从而为成功找到突破点。

延伸阅读

喝酒拿杯子的动作虽然简单，但是不同的握杯手法表现出不同的内心世界，并且还展现出不同的性格。仔细观察就能发现其中的秘密。

◎喝酒时紧紧抓住酒杯、拇指按住杯口的人愚蠢

愚蠢的人在喝酒时总是喜欢紧紧抓住酒杯，拇指按住杯口。他们这样做，是为了将杯子拿得更牢，以便对方要求豪饮时一饮而尽。假如条件允许，他们来者不拒，如果对方要求，他们也会一醉方休。

◎喝酒时紧握杯子，拇指顶住杯子边缘的人聪明

聪明的人在喝酒时，用力紧握杯子，拇指用力地顶住杯子的边缘。他们会巧妙地应付对方的敬酒，饮酒量保持在一定的限度。假如他们不想喝醉，任凭对方如何劝导，他们也能很好地把握自己。

◎喝酒时紧捂住杯口的人虚伪

虚伪的人喝酒时紧捂住杯口，好像有意掩盖自己的真情实感。他们不轻易在别人面前暴露自己，害怕别人看他的目光与他自己所希望的不一致，还害怕丢脸。

◎喝酒时一只手紧握杯子，另一只手漫不经心地划着杯缘的人爱动脑筋

好动脑筋的人喝酒时喜欢用一只手紧握杯子，另一只手则漫不经心地划着杯缘。他们把喝酒当成一种简单的外在活动，而酒的味道则无关紧要。

◎喝酒时握住高酒杯的脚，食指前伸的人贪婪

贪婪的人在喝酒时，喜欢握住高酒杯的脚，食指前伸，故意显出高雅和与众不同。这类人青睐有钱、有势与有地位的人。

5. 伸出手五指并拢的人善于隐藏真实的自己

> Q：今天跟一位朋友出去玩时，意外发现他伸手时五指并拢。书上说这样的人往往交不到朋友，可是，我们两个真的是很好的朋友啊！
>
> A：很多人都善于隐藏真实的自己，你最好还是多观察一下他。一般来说，伸手时，五指并拢的人不肯推心置腹，很难交到真正的朋友。

事例

丽莎与云洁是同一天进入公司的同事。她们每天一起下班，一起去吃饭，周末一起去逛街。时间长了，她们成了一对形影不离的好姐妹。

在一个周末，云洁便邀丽莎去她家玩。见到云洁妈妈时，丽莎显得有些拘谨。她虽然很注重礼貌，但总给人一种循规蹈矩的感觉。云洁妈妈心里为之一颤，她看过一些心理学方面的书，书上说太循规蹈矩的人往往会因为过度谨慎而耽误大事。

在交友方面，也因为不肯推心置腹，因而很难交到真正的朋友。
云洁妈妈想归想，但什么也没说。

当云洁的姐姐回来时，丽莎很有礼貌地伸出手来跟云洁的
姐姐握手。云洁妈妈站在一旁，注意到丽莎伸手时五指并拢，
眉头不由得皱了起来。她更加确定了自己的想法，认为女儿交
的这位朋友并非真正的朋友。

晚上，等到丽莎走后，云洁妈妈问云洁："你跟你的这位朋
友平常都聊些什么？"

"我们什么都聊，聊工作，聊生活，聊个人私事，等等。"
云洁兴高采烈地说道。

"有些话还是烂在自己肚子里，别什么都说出来，小心被人
骗了！"妈妈警告道。

"妈，你什么意思啊？我要小心被谁骗了？"云洁不明所以。

"你今天带来的那位好姐妹，我看她不是你真正的朋友。"

"为什么？你怎么知道？"云洁疑惑地问道。

"你没发现她伸手时五指并拢吗？懂行为心理学的人都知
道，伸手时五指并拢的人在交友时，不肯推心置腹，往往很难
交到真正的朋友。"云洁妈妈不无担忧地说道。

"妈，你真是老传统，现在哪有这样的说法。"

"你先别急着否定我的观点，想想你们在聊天时，是不是几
乎都是你在说话，而她却很少说话。你现在了解她多少，你知
道她交过几个男朋友吗？你知道她家里什么情况吗？"妈妈看
了云洁一眼说道。

　　"好像真是就像你说的那样，我们聊天时，一般都是我在说，而她在听。我还真不知道她家里是什么情况。"经妈妈这么一提醒，云洁若有所悟地说道。

　　"你以后可不能什么话都对她说。"妈妈再次提醒道。云洁点了点头。从那以后，云洁很少跟丽莎说自己的事。然而，让云洁没想到的是，过了一段时间后，她的一些个人私事却在公司传播开来。云洁很后悔，可是也已经来不及了。

　　在生活中，你是否也遇到过这样的朋友，他对你什么都了解，而你对他却什么也不了解。当他不肯推心置腹地交朋友时，就已经决定你们不可能成为真正的朋友。

　　不管是在社交，还是在生活中，人们在很多情况下，都会有意或者无意地伸出手来，而伸出的五指往往会呈现出不同的姿态，这些不同的姿态又隐藏着不同的含义。这五指虽然很小，但是却在大脑里占据着最大的"地盘"。美国心理学家桑·费德曼博士透过研究指出：手指的小动作欺骗性很小，往往能把人心透露得八九不离十。因此，只要我们细心观察手指的小动作，我们就能准确读懂他人的心理。

　　故事中的云洁妈妈就是观察到丽莎手指的小动作，读懂了她的交友心理，使女儿及时认清了这位朋友的真面目。一般来说，伸手五指并拢的人在交友时不肯推心置腹，所以很难交到真正的朋友。《伊索寓言》："在幸运上不与人同享的，在灾难中不会是忠实的友人。"真正的朋友是相互吸引、交流，不管开心的事，难过的事，都应该与朋友分享。即使一方掏心掏肺地与其交往，而另一方却不肯推心置腹，这样是不可能建立起真正的友谊。

对朋友不能坦诚相待的人不值得交往，这种人内心比较阴险，他们利用朋友对他的信任，谋取自己的私利，还散布谣言，扬传他人的隐私，败坏对方的人格，就如故事中的丽莎一样。云洁由于识人不清，最终被朋友所害。倘若她早些读懂丽莎的肢体语言，早些认清她的真面目，那么也不至于后悔不已。

因此，从上面的故事中，我们得出一个结论：在交友时，一定要慎重选择。不要只听他个人的一面之词，还应该从他的行为动作中读懂他的内心世界。

延伸阅读

不管是在社交，还是在生活中，人们很多时候都会有意或者无意地伸出手来，而伸出手的五指却呈现出不同的姿态。一些行为心理学家经过研究得出一个结论：当一个人伸出手时，从五指呈现的姿态能看出他的性格与心理，不同的五指姿态代表了不同的含义。

◎伸手时，把手摊得大大的人为人爽直

伸手时，把手摊得大大的人为人爽直。他们一般想到哪里就做到哪里，精力充沛，胸襟豁达，不计较小事，不怕失败。即使跌倒了，也能很快爬起来。

◎伸手时，五指并拢的人交不到好朋友

伸手时，五指并拢的人做事一丝不苟、注意礼貌、循规蹈矩。他们往往因为过度谨慎而耽误大事。在交友时，由于不肯推心置腹地与他人交往，因此很难交到好朋友。

◎伸手时，五指微张的人诚实稳重

伸手时，五指微张的人诚实稳重，有强烈的责任感。但是，从另一个角度来看，这类人有些胆小，跟不上时代的步伐。

◎伸手时，四指并拢、大拇指单独离开的人多属出色的社交家

伸手时，四指并拢、大拇指单独离开的人大多属于出色的社交家，他们富有机敏性、能把握住良机，并且善于运用钱财。

◎伸手时，手指全部伸直的人情感丰富

伸手时，手指全部伸直的人比较感情用事，具有丰富的情感，做任何事情都有始有终，绝不会半途而废、虎头蛇尾。

◎伸手时，手指稍微向内收缩的人比较吝啬

伸手时，手指稍微向内收缩的人较吝啬，经济观念非常发达，属于吝啬型的人物。

◎伸手时，五指全部往外弯成弓状的人学习能力强

伸手时，五指全部往外弯成弓状的人感受性很强，学习能力亦佳，而且点子很多。

6. 目光坚定并不代表诚恳

Q：有人说我的一个同事背后诋毁我，我去问他，他目光坚定地回答说没有这事。目光坚定代表真诚，会不会是别人误会他了？可是无风不起浪，这是怎么回事？

A：目光坚定并不一定代表真诚，对方很可能是一个撒谎高手。背后诋毁他人更是小人所为，你得当心啊！

事 例

罗佳是一家公司的行政专员。她勤奋踏实、能力出众，深得老板的赏识，也很受同事的喜欢。然而，一次意想不到的事情却让同事们对她另眼相看。

有一天早上，罗佳一走进办公室，就发现每个同事都用一种怪怪的眼神看着她，并且还时不时地耳语道："真没想到她是这样的人，竟然用美色诱惑老板。""真是个狐狸精！"……

罗佳感到不知所措，于是便找自己最好的同事小华问道："今天，大家是怎么了？"

小华偷偷地说道："你还不知道啊！昨天下班，你走后，李玲就在那里跟几个同事说，老板多发了你五百元奖金，真不知道你跟老板什么关系。"

罗佳一听火冒三丈，立即把李玲叫到办公室外质问道："你跟同事们说老板给我多发了五百元钱，还污蔑我是不是？"

李玲不愠不火，目光坚定地看着罗佳回答道："你看着我的眼睛，我绝对没有说这样的话。谁跟你说那是我说的，你可以把她拉出来对质。"

罗佳看到李玲坚定的眼神，心理暗自想道："难道她真的没有说？或者是别人说的？可是，这件事就只有她跟小华知道，小华不可能会陷害我。"

想到这里，罗佳故意放松道："是吗？那这么说是我误会你了。"

"你肯定误会我了，不信你可以找人来对质。"李玲依然目光坚定地望着罗佳。不过，罗佳这次不再观察她的眼神了，而是观察她的瞳孔变化。很快，她发现李玲在说这句话时，瞳孔放大。

"好！那我们就对质，我去把她叫出来。"罗佳说这句话时，李玲突然一下瘫软了下来。

在职场中，你是否也遇到过这种情况，不管你怎么问，对方都故作镇静，目光坚定地看着你说话？

大家都知道在人际交往的过程中，当我们和别人交谈时，都会盯着对方的眼睛说话。这既是出于礼貌，又表明自己正在认真倾听。然而，研究发现，即使对方目光坚定地看着你说话，他还是有可能在说谎！我们一起来看下面这个实验：

研究人员找来一群人，将这群人分成两组，让他们面对面坐着，然后让一组人对对方撒谎，研究人员提前在隐秘处安放了摄影机，将这个景象录了下来。最终结果让人非常吃惊，其中70%的撒谎者都目光坚定地看着对方。

是的，对于那些撒谎高手而言，他们已经知道目光游移很可能会泄露自己内心的秘密。因此他们采取了反其道而行的方法，避免对方识破自己的谎言。故事中的李玲在撒谎时，就故作镇定，目光坚定地看着罗佳，避免罗佳识破自己的谎言。然而，略懂行为心理学的罗佳却从她的瞳孔变化中识破了她的谎言。

一般来说，一个说谎高手往往也是一个小人。他们说谎就是为了推卸责任，希望找个人来替自己背黑锅。因此在职场中，遇到爱说谎的人可要小心了。眼睛是一个人的心灵窗户，判断一个人是否是说谎高手，就仔细观察他的目光。

延伸阅读

当一个人目光坚定地看着你时，他不一定是诚恳的，还可能是一个撒谎高手。但有时候，对方目光坚定地看着你说话时，却是真诚交流。目光坚定也要根据具体情况来区分，在不同的情境下代表了不同的含义。

◎听别人说话时，目光坚定地看着对方是传递诚意

当你讲述一件事情时，对方目光坚定地看着你，这是传递真诚的最佳手段之一，表明对方在很认真地听你说话，真诚地与你交流。

◎目光坚定地看着对方说话是在撒谎

当一个人跟你说话时，目光坚定地看着你。这并不一定代表真诚，他很可能是一个撒谎高手。因为他知道眼神游移会让对方发现自己撒谎的秘密，所以就采取了反其道而行的方法，避免被对方识破。

◎目光坚定地看着远方表明其下定决心做某件事

有时候，当一个人遇到困难又不愿被困难打败时，他往往会神色忧郁、目光坚定地望向远方。这时的目光坚定不是代表撒谎，也不是代表真诚，而是代表他正下定决心做某件事。

本章小结

1. 在说话的过程中不断地清喉咙

说话时不断地清喉咙很可能是为了变换说话的语气和声调，以掩饰自己内心的某种焦虑和不安。

2. 触摸鼻子的人

美国芝加哥的嗅觉、味觉治疗与研究基金会的科学家们发现，当人们撒谎的时候，一种名为儿茶酚胺的化学物质就会被释放出来，从而引起鼻腔内部的细胞肿胀。

3. 约会中抢着坐左边的男人

我们的左右两半脸有着不同的分工。左脸直通人的心灵，经常表露内心的真实感情，因此是"隐蔽的"面孔；而右脸则如一副面具，会按照理性的指引做出假笑、假悲伤、鬼脸等表情，而将内心真实的喜怒哀乐隐藏起来，所以是"公开的"面孔。因此许多时候，我们左脸所显露的资讯，正是右脸所要掩饰的。

4.喝酒时紧捂住杯口的人

那些虚伪的人喝酒时紧捂住杯口，好像有意掩盖自己的真情实感。他们不轻易在别人面前暴露自己，害怕别人看他的目光与他自己所希望的不一致，还害怕丢脸。

5.伸出手五指并拢的人

伸手时，五指并拢的人做事一丝不苟、注意礼貌、循规蹈矩。他们往往因为过度谨慎而耽误大事。在交友时，不会推心置腹地与他人交往。他们善于隐藏真实的自己，你最好还是多观察一下。

6.目光坚定的人

目光坚定并不一定代表真诚，对方还可能是一个撒谎高手。

第七章

兴趣透视人心，透过个人习惯爱好读懂他人的内心世界

在当今社会，每个人都有自己的休闲方式，每个人都懂得让自己高兴地度过美好的闲暇时光，并为此不遗余力。不过从人们五花八门的休闲娱乐方式中，我们也可以看出他们不同的性格特征。因此识别一个人最好的方式，就是从那些看似无足轻重的兴趣爱好入手。

1. 女孩儿喜欢将宠物抱在怀里暗示她不可能接受你

> Q：我喜欢一个女孩儿很久了，有一天，终于鼓足勇气向她表白。可是，她既没接受，也没拒绝，只是把宠物抱在怀里，不停地抚摩着。我想知道这是什么意思。
>
> A：你在向她表白时，她把宠物抱在怀里，可不是一件好事。这个动作是在巧妙暗示你，她不可能接受你。你还是好自为之吧！

事 例

姜宇上高中时就偷偷喜欢一个女孩子，名字叫唐晓燕。当时正上学，他便把自己的心思掩藏了起来，一直偷偷地观察着她的一举一动，而她却丝毫没有注意。有时候，她见到自己也只是微微一笑。

转眼，他们都考上大学了。姜宇很多次都打算向唐晓燕表白，可是，每次见到她那双清澈的眸子，想说的话又咽了回去。

在一个周末，姜宇准备了一束玫瑰花来找唐晓燕。他们约在学校附近的一个公园见面。那天早上，姜宇早早地从家里出发，来到了公园里。而唐晓燕过了约定时间才来，来的时候还牵着一条宠物狗。这让姜宇摸不着头脑。

当姜宇把一束玫瑰花递给她时，她接过玫瑰花，却什么也没说。就这样，他们两个人肩并肩地在公园散步。

不知走了多久，唐晓燕在一张凉椅上坐了下来，把宠物抱在怀里而姜宇坐在了对面的凉椅上。姜宇很深情地望着她，久久无语。过了好一会儿，姜宇终于开口打破了沉默。他深情地说道："你知道吗？高中时，我就喜欢上你了。只是那时忙着念书，所以……"

唐晓燕低着头把玩着怀里的宠物，一声不吭。姜宇自顾自地说，而唐晓燕始终低头不语。这让姜宇捉摸不透，他不知道怎么办好，只好送她回家。在分开的时刻，姜宇有些不服气地问道："你明天有时间吗？"

唐晓燕回过头来说："明天看情况吧！"说完，便向楼上走去。姜宇望着她远去的背影，感到迷惑不解。

在生活中，你是不是也遇到这样的情况：当你向对方表白时，对方既没有接受，也没有拒绝。这到底是怎么一回事，你知道吗？

故事中的姜宇终于鼓足勇气向唐晓燕表白了。可是唐晓燕既没接受，也没拒绝，给姜宇一种捉摸不定的感觉。她的态度让姜宇迷惑不解。

其实，唐晓燕早就巧妙地暗示姜宇自己不可能接受。她出来约会时，之所以带着一只宠物狗，在累了以后，还将狗抱在怀里，其实就在告诉姜宇自己已心有所属了。只是姜宇一点也不懂行为心理学，不明白她的用意，所以才感到郁闷不已。行为心理学专家指出，抱宠物在怀里其实是女性的一种巧妙暗示，表明她不可能接受你。因为她将心爱的猫、狗或绒毛玩具抱在怀中，就已表明她已经有心爱的东西了。如此抱着自己的宠物，也是给对方设置了一道障碍。对方这样做是有意拉开距离，让你没有进一步接触她的机会。

如果你在向对方表白时，发现对方做出了这一动作，那么你就应该知难而退了。

延伸阅读

很多人都用"女人心，海底针"来形容女人的心思难以捉摸。其实，你只要细心观察女人一些细微动作，就能发现她内心的秘密了。我们一起来看看：

◎女性拍异性肩膀传达的是友谊之情

拍肩膀这种行为虽然在男人当中居多，但有些女人也会拍异性肩膀。这个动作并没有其他意思，只是传递了一种友情与关怀，或者她把对方当成小孩儿或者弟弟。

◎女孩把宠物抱在怀里暗示她不可能接受你

抱宠物在怀里其实是女性的一种巧妙暗示，表明她不可能接受你。因为她将心爱的猫、狗或者绒毛玩具抱在怀中，就已经表明她已经有心爱的东西了。如此抱着自己的宠物，也是为对方设置了一道障碍。她这样做是有意拉开距离，让你没有进一步接触她的机会。

◎女性摸耳垂表明她对你的话题感到厌烦

一般来说，那些有事没事摸耳垂的女性是最难让人捉摸的。有时候，她对你正在进行的话题感到厌烦，但又不好直说，便会摸耳垂；有时候，她认为没必要表现出来，就会下意识地摸耳垂。

◎女性摸鼻尖表明她不相信你

喜欢摸鼻尖的女性一般成熟大方，女人味十足，颇有神秘色彩。假如你遇到了这样的女性就很不幸。因为在与人交谈时，频频摸自己的鼻尖是一个不好的信号。她很可能不相信你说的话。

2. 女友搭乘你的摩托车时，喜欢将手扶在你腰上表明她全心全意爱你

> Q：我最近可烦恼了，不知道我女朋友怎么看待这段感情。可是有一天，我发现她坐上我的摩托车时，把手扶在我的腰上，我真是高兴啊！
>
> A：我也为你感到高兴啊！当你女友坐上你摩托车时，把手扶在你腰上就表明她全心全意爱你。

事例

郑晓辉非常爱她的女友。周末时，他们骑着摩托车到处去玩，有时去爬山，有时去逛商场，有时去逛公园，有时候去踏青……总之，他们在一起，过得非常开心、快乐。

郑晓辉虽然知道女友跟自己在一起时很快乐，可是他总是无法揣测出女友的真正心意，他不知道女友是否真正爱他，他为此苦恼不已。在女友高兴时，郑晓辉曾试图问过女友这个问题。女友听到这个问题，总是转过身去，低着头说："你怎么总

是问这个问题啊？问得人家都不好意思了。"面对女友避而不谈，郑晓辉脸上露出了一丝忧郁。

时间一天天过去了，郑晓辉越来越爱女友。可是他却迟迟不敢向女友求婚，因为他害怕自己会遭到拒绝。

有一天，郑晓辉闲来无事，便拿起《瞬间读懂你周围的人》这本书，书中说从搭车看女孩爱你的程度，例如，当她坐上摩托车，把手扶在你的腰上表明她全心全意爱你；把手扶在后面的把手上表示她对你还有距离感；把手放在膝盖上或者干脆不扶，表示她只把你当普通朋友。郑晓辉细细地品读了起来，简直如获至宝。

第二天，郑晓辉像往常一样骑摩托车，载着女友出去玩。在路途中，郑晓辉很注意女友的手。半途中时，女友慢慢地将手扶在他的腰上。郑晓辉不由得轻轻一颤，心里却十分甜蜜。那天回到家后，郑晓辉便单膝跪地，拿出精美的戒指向女友求婚。女友激动地给了他一个吻。

恋爱中的两个人总是不能确定对方是不是真的爱自己，即使对方说爱你，你也未必相信，因为言语总是能轻易骗人，你怎么知道对方是不是真的爱自己呢？

当一个女孩儿对你说："我真的爱你。"这句"真的爱你"并不能表示她的真实心意。相反地，一个女孩儿从没对你说过什么，可是她默默地为你付出，一直期待着你能发现她的爱，也许她才真的爱你。也许有的女孩儿疯狂地为你做过许多事情，可是到头来，她也许只是为了征服你而已。

有一句话说："女人心，海底针。"我们不得不承认，女人的心思真的让人很难去揣测。然而，让很多人没想到的是，在猜来猜去的过程中，你已不知不觉爱上了对方，可你依然猜不透你在她心中的位置。其实有一个非常简单的测量方法。只要让她搭乘你的摩托车，从她的动作中便可知晓答案。假如她用手扶着你的腰，那么你就应该感到高兴了，因为这个动作代表着她全心全意地爱着你。

故事中的郑晓辉就是用这种方式，观察到女友搭乘自己的摩托车、将手扶在他的腰上这一个动作，读出了女友的心思，因而成就一段美好姻缘。

上面的故事告诉我们一个道理：要看一个人是不是真的爱你，不是看她说了什么，而是应该从细节中观察她做了什么。只有这样，才能收获真正的爱情。

延伸阅读

有一种说法是"女人的心思你别猜，猜来猜去只会把她来爱"，这句话一点儿也没错，因为你在猜测中已经深深爱上她了。即使如此，你也不知道她是怎么看待你们之间的关系。其实只要让她搭乘你的摩托车，从她的动作中就能知道答案。

◎把手放在后面的把手上表明她对你还有距离感

当女友坐上你的摩托车时，她把手放在后面的把手上，那么表明她对你还有一些距离感，对你们的关系并不十分确定。一般来说，她在感情处理方面比较冷静，一时还不会陷入爱情的旋涡中而无法自拔。总之，你能不能打动她，或俘获她的芳心，还需要一段时间。

◎扶在你的腰上表明她全心全意爱你

当女友坐上你的摩托车时，她把手扶在你的腰上，那么你就应该感到高兴了。因为她已经全然放下了心理防线，正在全心全意爱你，而且爱得十分理智。她已经认定了你是那个给她坚强臂膀的人，所以你要懂得珍惜对方。

◎把手放在膝盖上，或者干脆不扶，表明她只把你当普通朋友

当女友坐上你的摩托车时，她把手放在膝盖上或者干脆不扶，可能只是把你当作普通或不错的朋友。让她烦恼的是，有时她不能确定自己跟你是什么关系，就这样似有若无地相处着。在这种情况，你需要加一把劲，继续努力，成功就在前面。

◎假如未确立恋爱关系就紧抱你的后背表明她为人比较轻浮

如果你们还没有确立恋爱关系，一般她不会紧紧抱着你的后背。如果她真的这样做了，要不是为人比较轻浮，不然就是在向你暗示：我爱你。

3.喜欢拨弄头发的女孩儿希望你能关爱她

> Q：今天，我约了一个我喜欢的女孩子。她露出毫不在乎的表情，还时不时地轻抚自己的头发。她心里想做什么？
>
> A：女孩子轻轻地抚摸自己的头发，这是她心底渴望你用温柔的言语体恤她的意识的表现。如果你真心喜欢她，不妨多给她一些安慰与关心。

事　例

张云中喜欢一个女孩子很长一段时间了。这个女孩子名叫罗娜，长得温柔可爱，笑起来特别迷人。然而遗憾的是，对方已经有一个远在他乡的男友。所以，张云中迟迟不敢向她告白。很多时候，他只能默默观察着对方的一举一动。

有一次，张云中约罗娜出来吃饭。在吃饭时，张云中很细心地为罗娜夹菜倒水。从罗娜甜蜜的笑容中，张云中能感觉出她吃得很开心。

吃过饭后，他们开始聊天。罗娜时不时地抱怨男友一心只为工作，也不常回来看看她。嘴巴很笨的张云中微微一笑地说："他可能是工作太忙了。"

罗娜嘟起嘴巴，一副很不高兴的样子。过了一会儿，她似乎感觉闲来无事，便将头发弄到前面来，轻轻地抚摩着自己的头发。

张云中很快就注意到她这一举动，他知道罗娜男友远在他乡，罗娜难免渴望得到他人的关爱。张云中真的很爱她，因此他比以前更加关爱罗娜，几乎每天都会给她打一通电话。

有一天，罗娜突然找张云中，一见到张云中，就扑在他怀里哭了起来，这把他给吓坏了。后来他才知道罗娜的男友在异乡早另有所爱，罗娜伤心过度才会做出如此失措的举动。

张云中沉重的心情一下子放松了。他替罗娜擦干眼泪，温柔地说道："别伤心了，你不是还有我吗？做我女朋友，好吗？"

罗娜抬起头来，点了点头。

面对你心仪的女孩儿时，你有没有注意到她的一些特殊动作。假如你注意观察，也许就有机会拥有一段美好的姻缘。

作为人类，当我们感到孤独或者不安时，总会不由自主地寻求与他人的交流，并出现身体接触的欲求。然而，爱我们的人不可能随时都陪伴着我们，因此作为替代，一些女性会用自己的手抚摩自己，以达到平复情绪、安慰自己的作用。这种行为在心理学中称为"自我亲密"。

　　女性在男性面前拨弄头发便是"自我亲密"的一种体现，她们在无意识中向男性表达"希望你关爱我"的感情。在约会中，假如你心仪的女孩频频拨弄自己的头发，或者用手指卷起头发，那可是一个明显的信号，如果你真心喜欢她，千万不能视而不见哦！

　　故事中的罗娜在无意识中便做出了轻抚头发的动作，也许她自己并没有意识到，但一直喜欢她的张云中却注意到了她这一动作。针对她渴望关怀的心理，张云中加大了关怀的力度。在张云中的关心下，罗娜的心里慢慢地对他产生了强烈的依赖。

　　当罗娜男友另有所爱时，伤心过度的罗娜特别希望得到张云中的关怀与安慰。因此，她第一时间找到了张云中，向他哭诉自己的悲惨遭遇。毫无疑问，她的这一举动给张云中创造向她告白的机会，从而成就了一段美好姻缘。

延伸阅读

　　一般来说，女性大多是长发。在交谈中，她们会有意或者无意地拨弄自己的头发。这是为什么呢？

◎轻抚自己的头发希望对方能关爱她

　　在约会时，有些女孩子轻轻地抚摩自己的头发。这是她心底渴望你用温柔的言语体恤她的意识表现。假如你真的喜欢她、关心她，不妨给她一些安慰与关心，也许她将成为你的白雪公主。

◎用力地拨弄头发是内心感到压抑

当一个人内心感觉到压抑，或者对某一件事情感到后悔时，她就会用力地拨弄头发。在约会时，你发现你心仪的女孩子做出这个动作，你不妨想办法帮她消除内心的压抑感。这样，也许你就能获得一段美好的姻缘。

◎交谈时摸头发

有些人在与你交谈时，不管是坐着或站着，总要时不时地摸摸头发，好像在引起你对他们发型的兴趣，但其实并非如此。因为这种人就是独自一人的时候，他也会每隔三五分钟"检查"一下头发上是否沾上了什么东西。

这类人大都性格鲜明，个性突出，爱恨分明，尤其记仇。他们一般很善于思考，做事细致，但大多数缺乏一种对家庭的责任感。他们对生活的喜悦来源于追求事业的过程，喜欢拼搏和冒险，他们不在乎事情的结局。他们在某件事情失败后总是说："我问心无愧，因为我做过了。"

4. 喜欢把手机放在上衣口袋的男人值得托付终身

> Q：最近有一位男士追求我，他总喜欢把手机放在上衣口袋里，拿手机打电话的动作让人感觉十分轻佻。这种人是不是不应该在我的选择范围之内呢？
>
> A：一般来说，习惯把手机放于上衣口袋的人比较成熟、稳重，他们做事不疾不徐，不温不火，是那种能让女性托付终身的男士。所以，建议你多花一段时间来观察这位男士。

事　例

雷欣长得可爱动人，眼睛澄净明亮，笑起来脸上还露出两个小酒窝。有一次，她去旅游时，结识了一位长相十分英俊的男士。这位男士戴着眼镜，成熟、稳重，文质彬彬。他很中意雷欣，旅游回来后，便一直联系雷欣，不时地给她打电话，约她出来吃饭，偶尔还会展现浪漫，送一束玫瑰花。

有一天，他们一起吃饭，那位男士点了她最爱吃的菜与饮料，在吃饭的过程中，他还很殷勤地给她夹菜，并且嘘寒问暖。那天，他们聊天聊得非常愉快。慢慢地，雷欣对他稍微有了一点好感。

不过遗憾的是，在他们走出饭店时，那位男士的手机突然响了。雷欣抬头一看，发现声音来自那位男士的上衣口袋。

"不好意思！我先接个电话。"那位男士一边接起电话，一边对雷欣说道。雷欣点了点头，示意他先接电话。

"喂！李萍，好久不见了！你最近怎么样啊？还好吗……"那位男士接电话时的声音与行为举止完全判若两人，甚至有些让人感觉轻佻。听对方的名字与声音，雷欣能感觉出对方是一位女士，因此雷欣对这位男士的印象大大改观。

从那以后，当这位男士再次约她时，雷欣总能找出各种理由来推托。慢慢地，他们便疏远了。

有一次，雷欣无意中翻看了一本行为心理学方面的书。书上说，把手机放在上衣口袋里的男人值得托付终身。雷欣想起了那位男士，可是，她却感到迷惑不已。

生活中，你有没有注意那些把手机放在上衣口袋里的人？作为女孩，假如有这样一位男士追你，你可要抓住了，别错过了哦！

在这个科技发达的时代，几乎每个年轻人都有一部手机。很多人没想到的是，手机放在身体的哪个部位，却隐藏着不同的含义。就爱情方面来说，习惯于把手机放在上衣口袋的男士值得女性托付终身；习惯把手机握在手里的男人对爱情的要求非常高；习惯把手机悬挂于腰间的男士对爱情积极主动……

故事中的雷欣如果懂一点行为心理学，从那位男士将手机放在上衣口袋里的这一举止，就应该知道他是一位值得托付终身的男士，就不会轻易放弃。要知道，这很可能是一个误会，也许那只是一位女性朋友打电话给他。因此，雷欣应该多花点时间弄清楚这件事情，而不是轻易地对这个人做出判断。

其实，把手机放在上衣口袋的往往比较成熟、稳重，他们做事不疾不徐，不温不火，脚踏实地，会尽一切的努力让生活朝着他所预定的目标前进。

在爱情方面，这样的男人不一定拥有两性关系的主导权，但是在内心里，他可是操盘手。对他来说，爱情与面包同样重要，是一个值得女性托付终身的男士。

因此，遇见这类男士，女孩子们应该珍惜。

延伸阅读

如今，每个人都有一部手机。细心的女性朋友，只要仔细观察你男朋友放手机的位置，就能清楚读懂他的心。

◎喜欢把手机放于上衣口袋

这类人往往比较成熟、稳重，并且脚踏实地，会尽一切的努力让生活朝着他所预定的目标前进，是能让女性托付终身的男人。

在爱情方面，这样的男人不一定拥有两性关系的主导权，但是在内心里，他可是操盘手。对他来说，爱情与面包同样重要。

◎习惯把手机握在手里

这类人对生活有极高的热情，不到非休息不可的最后一分钟，这个男人是不会上床休息的，你可能会发现他喜欢睡在浴缸里或躺在客厅的电视机前。

在爱情方面，这类人对伴侣的期待，是希望你犹如战场上的战友，和他一起对抗一切困难险阻，不过对情绪的敏感程度是很有限的。如果你真心爱他，就必须先调整好自己对两性关系的期待，因为爱情对他来说极其重要。

◎习惯把手机悬挂于腰间

一般而言，选择把手机挂在前方的男人，对生活中的所有事物，都有一套自己独特的想法和做法，对生活的态度是坦率而真诚的。选择挂在腰带后方的男人，对生活也很有创意，只是可能凡事喜欢留一手，不将事情完全说清楚，因为这是他的习惯，也是他的乐趣。

在爱情方面，他们对爱情的态度是积极并且主动的，表达的方式或许因人而异，但是他绝对不会放弃对你表达爱意的任何一个机会。

◎习惯把手机放于后裤袋

将手机放在牛仔裤或西裤后裤袋的男人，表达方式是温和、友善，但却带着强烈的戒备心，他有着一些不希望他人知道的心理小秘密，对越疏远的朋友反而越亲密，越接近他的身边，却发觉他越疏远。

在爱情关系方面，这类人会令你感到若即若离、忽远忽近的。如果你深陷其中不可自拔，请务必小心经营你们的爱情。这就像放风筝一样——你想要得到他的爱，就先给他一个充分的自由。

◎经常忘带手机

这类人多是个乐天派的人，是那种俗称"没心没肺"的男人。这种男人多性格外向，为人和蔼可亲，喜欢广交朋友。

在爱情方面，他们虽然看起来马马虎虎，但对爱可是很清楚的，是个典型的嘴花心不花的可爱男人。

5. 喜欢阅读的人拥有丰富的创造力

> Q: 我是一名面试官，今天在面试一位员工时，他没有工作经验，也不是什么名牌大学毕业，但我依然录取了他。因为在我还没进办公室之前，众多的应聘员工中，只有他一个人专心致志地阅读着公司所订的报纸。
>
> A: 这是一个特别喜欢阅读的人，一般来说，喜欢阅读的人拥有丰富的创造力。他们对什么都有一套自己独特的想法，很容易做出一番成就。

事 例

唐忠是一家 IT 公司的面试官，负责招考 IT 开发人员。在一次招考中，唐忠因为有事，晚了一个小时才到招考现场。

当唐忠与助手风尘仆仆地来到现场时，有一幕让唐忠惊讶得目瞪口呆。一大半的应聘者早已离去了，留下来的这些应聘者中，有一半正在椅子上呼呼大睡，其他几个则在东张西望，好像正焦急地等待着面试人员的到来。只有角落中的一个人正站在那里，拿着一份报纸，专心致志地阅读报纸。唐忠的到来没有引起他的丝毫注意。

唐忠轻手轻脚地来到他面前，问道："小伙子，你喜欢阅读吗？"

那个应聘者抬起头来，看到一张陌生的面孔，先是一惊，随即点了点头。唐忠又问道："你一般都喜欢阅读什么书呢？"

那个应聘者想了想，回答道："我平常喜欢阅读一些经典名著。在下班的路上，一般都会买一份报纸来看看。"

唐忠点了点头，说道："很好，你已经被录取了！"

那个应聘者惊讶得张大了嘴巴，随即高兴地说道："谢谢你！"

唐忠的助手很不解，问道："唐总，你怎么这么轻易地录取了他？"

唐忠笑了笑说道："一个特别喜欢阅读的人，一般来说，拥有丰富的创造力，他们对什么都有一套自己独特的想法，很容易做出一番成就。这正是软件开发最合适的人选！"

在当今社会，每个人都有自己的休闲方式，每个人都懂得让自己高兴地度过美好的闲暇时光，并为此不遗余力。不过，从人们五花八门的休闲娱乐方式中，我们也可以看出他们不同的性格特征。因此，识别一个人最好的方式，就是从那些看似无足轻重的兴趣爱好入手。

兴趣有很多种，不同的人拥有不同的性格，而每一种性格的兴趣都有明显的差异。了解一个人的兴趣嗜好，大多可以作为判断一个人个性的依据，因为嗜好的背后，隐藏着不为人知的另一面，往往也是内在性格的表现。

故事中的面试官唐忠就通过应聘者的兴趣爱好进行筛选。他之所以如此轻易地录取了一位喜欢阅读的应聘者，是因为他知道一个喜欢阅读的人拥有丰富的创造力与想象力，而一个优秀的软件发展者必须具备创造力。因此，他毫不犹豫地录取了这位喜欢阅读的应聘者。

延伸阅读

兴趣有很多种，不同的人拥有不同的性格，而每一种性格的兴趣都有明显的差异。了解一个人的兴趣爱好，大多可以作为判断一个人个性的依据，因为嗜好的背后，隐藏着不为人知的另一面，往往也是内在性格的表现。

◎喜欢阅读的人

喜欢阅读的人拥有异常丰富的创造力和想象力，对什么事都有一套自己独特的想法，探究心也非常强烈。他们兴趣广泛，往往能够超出自己的经验范围来计划某一件事情，扩展自己的生活领域，享受生活的乐趣。

◎喜欢集邮的人

喜欢集邮的人比较善于自我调节恢复自己的情绪。当一件事情使他们的心情很不平静时，他们总是能够自我开导，先将问题放在一旁，待平复以后再来处理。他们常常因为太爱面子，不知道怎样拒绝别人，而为自己招来许多无谓的烦恼，让自己焦头烂额，痛苦不堪。

◎喜欢收集物品的人

喜欢搜集一些没有什么收藏价值的东西，如香烟盒，用过的包装纸之类的人，怀旧情绪比较浓厚，很重感情，喜欢追求梦想，是个浪漫主义者，讨厌被别人使唤。他们有很强的自信心，常常会为自己取得的成就而感到骄傲和自豪。但他们有时也会因好高骛远、不能脚踏实地而招致失败。

◎喜欢球类运动的人

喜欢球类运动的人人际关系良好，是个通情达理的人。虽然有时会因脾气暴躁而与他人发生争执，但性格直爽，知错就改的他们总是很快能和别人成为朋友。

◎喜欢看电影的人

喜欢看电影的人感情起伏激烈，个性孤独内向。他们容易将自己关在一个小天地里，不与人主动沟通。他们的心胸有些狭窄，无法接受别人率直的批评，甚至与人翻脸。

◎喜欢下棋、玩纸牌的人

无论是在棋盘上还是真实生活中，他们都常把自己的聪明才智发挥得淋漓尽致，把对手逼得走投无路。而他们所真正喜欢的则是在这个过程中所获得的巨大的满足感。他们拥有相当强的逻辑思维和分析思考能力，能够以比其他人相对更集中的精力投入某件事情当中，成功的概率也就比较大。不过他们常会因为对某一件事过于执迷以致忽略了其他东西。

◎喜欢唱歌的人

　　喜欢唱歌的人比较活泼好动，耐不住寂寞，不喜欢待在家中而老是往外跑。他们为人坦诚，对待朋友很讲义气。

本章小结

1. 女孩喜欢将宠物抱在怀里

女孩子一般喜欢将宠物抱在怀里，但是特殊情况下，她很可能用这种爱好来表达自己的想法。假如你在向她表白时，她把宠物抱在怀里，那她就是用这个动作来巧妙地暗示你，她不会接受你。

2. 女友搭乘你的摩托车时，喜欢将手扶在你腰上

女孩子坐车时，一般喜欢扶在某一个地方，但扶的地方不同代表着不同的意义。当你女友坐上你的摩托车时，把手扶在你腰上就表明他全心全意爱你。

3. 喜欢拨弄头发的女孩

女孩子一般喜欢拨弄头发，但她在一个男子面前轻轻地抚摩自己的头发，就表明她渴望对方用温柔的言语体恤她。

4. 喜欢把手机放在上衣口袋的男人

一般来说，习惯把手机放于上衣口袋的人比较成熟、稳

重，他们做事不疾不徐，不温不火，是那种能让女人托付终
身的男人。

5.喜欢阅读的人

一般来说，喜欢阅读的人拥有丰富的创造力。他们对什么
都有一套自己独特的想法，很容易做出一番成就。

第八章

服饰透露品位，透过服饰
来揣摩一个人的品位

　　生活中，我们说一个人很有魅力，往往不是因为他长得如何俊美，而是因为他的举止高雅，穿着得体，风度不凡。事实上，我们观察一个人的时候，有80%—90%的注意力集中在他的服饰上。一般来说，不同的穿着打扮体现着人们对自己的社会角色和周围世界的不同态度。

1. 喜欢戴圆顶毡帽的人忠实肯做事

Q：我需要从下属中提升一个部门副手，其中有两个人都很适合，他们一个喜欢戴圆顶毡帽，一个喜欢戴礼帽，戴礼帽的人感觉很有绅士风度，我是不是应该选择这个戴礼帽的人呢？

A：戴礼帽感觉很有绅士风度，而戴圆顶毡帽的人更忠实肯做事。对一个部门副手来说，光有绅士风度不够，更需要忠实肯做事的精神。

事　例

最近，市场部的部门副手辞职了，肖杨作为部门经理，决定从下属中提升一个。经过考核，小王和小军都非常适合这个职位。小王来公司的时间长一些，拥有良好的人际关系，深得员工们的喜欢，而小军来公司时间不长，而且不太喜欢说话，但做事踏实。他们各有优点，肖杨始终难以决定选择哪一个。

然而，一个偶然的机会促使肖杨决定选择谁。一个周末，公司组织员工去海滩边玩。当时，太阳很大，员工戴着奇形怪状的帽子，早早地来到了海滩边。

肖杨坐在旁边静静地望着这群员工，尤其注意小王和小军，他们穿的衣服没多大区别，但他们的帽子却大不相同，小王戴着礼帽，而小军却戴着圆顶毡帽。

肖杨曾看过一本心理学方面的书，书上说喜欢戴礼帽的人，颇有绅士风度，让人感觉他沉稳、成熟，深得大家的喜欢，但是他们自恃清高，自命不凡，看不惯很多东西，总认为自己是做大事的人，进入任何一个行业都应该是主管级的人物。可惜他过分保守并且缺乏冒险精神，成就并不大，所干的事业也不像想象的那么顺心。

想到这里，肖杨不由得一惊。再一想，他发现喜欢圆顶毡帽的人虽然是一副老百姓的打扮，对任何事情都感兴趣，特别忠实。

经过比较，肖杨当即决定提拔小军。在后来的工作中，果然不出肖杨所料，小军踏实中肯，为公司创造了很大的利益。而小王依然保持他的绅士风度，却没做出什么成绩。

虽然很多人都认为帽子是用来遮阳御寒的，但是不同款式的帽子却隐藏着不同的含义。比如，爱戴礼帽的人自命不凡，爱戴旅游帽的人喜欢投机取巧，而喜欢戴圆顶毡帽的人忠实……如果你懂一点心理学，那么就能读懂帽子所隐藏的含义。

故事中的部门经理肖杨就透过两位下属喜欢戴不同款式的

帽子，读懂了他们的内心世界。小王喜欢戴礼帽，虽然很有绅士风度，但内心却自命不凡；而小军喜欢戴圆顶毡帽，虽然是一副普通的打扮，但却忠实肯做事。经过一番比较，他做出了正确的选择。

假如肖杨不懂心理学，那么也就不懂帽子所特有的语言，则可能做出错误的决定。由此可知，我们是可透过他人所戴帽子的款式来揣摩别人的内心世界。

延伸阅读

帽子的发明最初是为了遮阳御寒，随着社会的发展，帽子的种类、款式越来越多，人们的选择也就越来越多。在琳琅满目的帽子中，人们为何选择这顶帽子而不选择那顶帽子？这是个人性格差异所决定的。因此，我们便可以通过对方所戴的帽子来揣摩他人的心思。下面我们一起来看看不同的帽子代表不同的心理特征：

◎爱戴礼帽的人

戴礼帽的人都自认为自己稳重且有绅士风度。他的愿望是让人觉得他沉稳和成熟，在别人面前，他经常表现得热爱传统。他自恃清高，自命不凡，看不惯很多东西，总认为自己是干大事的人，进入任何一个行业都应该是主管级的人物。可惜他过分保守并且缺乏冒险精神，成就并不大，所干的事业也不像想象的那么顺心。

◎爱戴旅游帽的人

旅游帽既不能御寒也不能抵挡太阳光的照射，纯粹是作为装饰之用。用这种帽子可装扮自己，投射某种气质或形象；或者戴上它另有企图，用来掩饰一些他认为不理想或者有缺陷的东西。从这些方面来看，此人不是一个心地诚实的人，不肯以真面目示人，是个善于投机钻营的人，因此真正了解他的人少之又少，而一般所看到的只是他的表面。

◎爱戴鸭舌帽的人

一般有点年纪的人才戴鸭舌帽，显示出稳重、忠实的形象。如果男人戴这类帽子，那么他会认为自己是个客观的人，并不虚荣；面对问题时，总能从大局着想，不会因为一些细枝末节而影响整个大局。这类人是个会自我保护的人，不会轻易让别人了解他的心。在与别人打交道时，就算对方胸无城府，他还是喜欢与别人兜着圈子转，宁愿把对方搞得晕头转向，也不直接说出他的心思。

◎爱戴彩色帽的人

爱戴彩色帽的人清楚在不同的场合，穿不同风格的服装，应该佩戴不同颜色的帽子。这种人喜欢色彩鲜艳的东西，对时下流行的东西非常敏感，每当出现新鲜玩意儿，他总是最先尝试的那批人。他希望人家说他的生活过得多姿多彩，懂得享受人生，并且总是走在时尚前端，同时他也是一个害怕寂寞的人。

◎爱戴圆顶毡帽的人

这是很普通的打扮，这种人对任何事情都感兴趣，但从不表达自己的看法，即使有看法也是附和别人的论点，这类人好像没有主心骨似的，但并不是没有主张，而是一个老好人，而且特别忠实肯做事。

2. 淡妆的女子聪慧

Q：我与她是经朋友介绍认识，虽然通过电话，但并不是完全了解对方。一天，我们约定见面。见面后，我发现她化着淡妆，虽然很漂亮，但我比较喜欢化浓妆的女子，她对我很有好感，我应该怎么办？

A：喜欢化淡妆的女子聪慧，喜欢化浓妆的女子时尚前卫。如果你想做出一番成就，那么这个女子将是你最好的选择；如果你喜欢思想前卫的女子，那么自然就应该放弃。

事 例

马飞是一位销售员，一位外地朋友给马飞介绍女友。这个女孩是朋友的大学同学，也在马飞所在的城市工作。朋友出于好心，便给他们牵线搭桥。

听过朋友的描述，马飞觉得对方很可能是自己要找的人——化着浓妆、穿着很时尚、性感的女子，于是便向朋友要了对方的电话号码。

当晚，马飞便拨通了那一连串的数字。电话一响，对方柔柔的声音透过电话传进了马飞的耳朵里，令他心驰神往。就这样，大约聊了两个月后，马飞便约对方见面。经过协商，他们便决定在附近的一家咖啡厅见面。

那天，马飞早早地到了约定的地点。过了好一会儿，对方才到。彼此寒暄了一阵以后，马飞便根据对方的口味要了两杯咖啡。

在对方喝咖啡时，马飞细细地观察了起来。他发现眼前这位女孩化着淡妆，看上去清爽单纯，穿着很普通，并不是自己想象中的那样。

马飞脸上闪过失望的表情，但对方像早就认识的好朋友一样，一直说个不停。马飞知道她对自己有意。可是，她跟自己想象的女子相差太远，这让他烦恼不已。

当天晚上，朋友便给他打电话，问道："感觉怎么样？"

马飞有些郁闷地说道："跟我想象中的女子相差甚远，我喜欢化浓妆、穿着时尚、性感的女子，而她化着淡妆，穿着普通衣服，不是我想象中的女人。"

电话那头沉默了一会儿说道："一般来说，喜欢化淡妆的女子聪慧，喜欢化浓妆的女子时尚前卫。如果你想做出一番成就，那么这个女子将是你最好的选择；如果你喜欢思想前卫的女子，那么就没什么可说的了。你应该读懂化妆背后的秘密，再做出选择。"

马飞一听，很惭愧地说道："啊！化妆还有这么大的学问啊！我不应该只凭自己的个人喜好去选择，而应该看重一个人的心灵美。"

马飞说完后，就给那个女孩打电话。经过他们一致努力，一年后，他们顺利地走进了婚姻。结婚那天，马飞向朋友敬酒道："朋友，我不仅要谢谢你给我介绍了这么好的一位女友，还要感谢你为我指点迷津。"

俗话说："爱美之心，人皆有之。"尤其是女人对美更加钟情，但一个人的容貌往往是天生的，怎样才能看上去更漂亮呢？这就需要化妆。

随着时代的进步，很多女性的思维、审美观点不断发生改变。她们已经意识到：浓妆艳抹的时代已经成为过去式，若有若无的妆容、清清淡淡的"无妆"时尚，已成为现代女性追求的一种潮流。因为清清淡淡的"无妆"不但可以体现出女性肌肤的自然质感，还可以给人一种干净的感觉，是内心聪慧的体现。

喜化淡妆的人，她们追求的妆容是看起来说得过去就可以了，并不需要特别地突出自己，这一点与她们的性格是很相符的。她们的自我表现欲望并不是特别强，有时甚至非常不愿意让他人注意到自己。这一类型的人有很多都是相当聪明和智慧的，也会获得一定的成就。她们拥有自己的绝对隐私，并且希望能够在这一点上得到他人的尊重和理解。

如果你需要做出一番成就，那么这类女子将是你最好的选择。她们的智慧将帮助你到达成功的彼岸。所以，这就要求我们男人读懂女人化妆的语言，千万不能像故事中的马飞那样固执于自己的喜爱，而应该读懂妆颜背后隐藏的秘密。

延伸阅读

从某种程度上说，一个女人化什么样的妆是她性情的外露，作为男人，如果你仔细观察女友化妆的方式，就会更了解她的心理。

◎喜欢浓妆艳抹的女人前卫

喜欢浓妆艳抹的女人，自我表现欲望强烈，总是希望透过一种比较极端的方式吸引他人，尤其是异性更多关注的目光。她们的思想比较前卫和开放，对一些大胆的过激行为常持无所谓的态度。她们为人真诚、热情和坦率，虽然有时会遭到一些恶意的攻击，但仍能够尊重他人。

◎喜欢自然妆的女人单纯

有一类型女人喜欢自然妆感，她们大多是比较传统和保守的，思想比较单纯，富有同情心和正义感。但不够坚强，在挫折和打击面前常会显得比较软弱。为人很真诚，从来不会怀疑他人有什么不良动机。

◎喜欢异国色彩妆的女人向往自由

喜欢化异国色彩浓厚妆感的女人，她们多是有比较丰富的想象力，身体内有很多艺术的细胞，希望自己能够成为一个艺术家。她们向往自由，渴望过一种完全无拘无束的生活。她们常常会有许多独特的让人吃惊的想法，是个完美主义者。

◎喜欢淡妆的女人聪慧

喜欢化淡妆的女人，她们追求的妆容是看起来说得过去就可以了，并不要特别地突出自己，这一点与她们的性格是很相符的。她们的自我表现欲望并不是特别强，有时甚至非常不愿意让他人注意到自己。这一类型的人有很多都是相当聪明和智慧的，也会获得一定的成就。她们拥有自己的绝对隐私，并且希望能够在这一点上得到他人的尊重和理解。

◎从来不化妆的女人思想深沉

从来都不化妆的女人，更在乎的多是"清水出芙蓉，天然去雕饰"，她们追求的是一种自然美。这一类型的女人对任何事物都不局限在表层的肤浅的认识，而是更看重实质的东西。

3.喜欢系碎花领带的男人公私分明

Q：我的上司是我特别好的一位哥们儿，所以我在公司里工作起来很是得心应手！可是，有一天，有一个同事却告诫我，要注意我的这位朋友，千万不要犯错误，否则他不会讲情义。我十分不解，那位同事指了指我哥们儿颈上的碎花领带。

A：你的这位同事很懂心理学，他从你哥们儿颈上的碎花领带看出你哥们儿是一个公私分明的人。所以，你应该注意了，小心行事，到时不要破坏这份友谊，更不要让他为难。

事　例

李宇洋托一位哥们儿的关系进了公司，并荣幸地成为哥们儿的下属。李宇洋暗自高兴：这下有他这棵大树护着，可就凉快多了。

因此，李宇洋工作时总抱着侥幸的心理，不认真工作。一天，李宇洋的一位相处不错的同事悄悄地跟他说道:"你的朋友可是一位公私分明的上司,你这样对待工作,小心被他辞退。"

李宇洋惊讶得张大了嘴巴,在他的印象中,这位哥们儿重情重义,肝胆相照,怎么会做对不起朋友的事呢?因此,他惊讶地说道:"不会吧!"

这位同事指了指李宇洋上司颈上的碎花领带,说道:"他喜欢系碎花领带就说明他是一个公私分明的人,不信的话,你可以试一下!"

李宇洋不太相信这位同事的话,不过稍微收敛了一些。然而,没过多久,李宇洋就受到了相应的惩罚。他被降了一级,从基层做起。

李宇洋很不服气,找他的上司谈。他的这位哥们儿毫不客气地说道:"你犯了错,自然应该受到其他同事一样的惩罚。"

"你……你就不能给我说情吗?就不能给我一点面子吗?"

"工作中不讲情面,更不讲面子。"好朋友说完就迈着大步离开了。

李宇洋望着好友远去的背影,愣在原地。

领带起源于 17 世纪后半叶,备受人们的喜爱,宫廷的绅士们便用它来作为上衣襟的装饰品。随着社会的进步,领带已经成为西装最重要的装饰物,领带打法与颜色的搭配象征着男人的行事原则和人品秉性。

故事中的李宇洋没有读懂领带所蕴藏的含义,才会受到处罚。倘若他懂得从打领带的方法、颜色与搭配中看懂一个人的内心世界，知道自己的这位哥们儿公私分明，那么就不会存有侥幸心理，而会认真工作，便不会受到处罚了。

然而，李宇洋那位相处不错的同事就略懂心理学，透过上司喜欢系碎花领带这一细节中揣摩出他是一个公私分明的人。他好心地告诫李宇洋，李宇洋却不当一回事，最后后悔莫及。

是的，略懂心理学的人都知道系碎花领带是比较节制的一种打扮，非常有分寸。选择这款领带的人通常是性格极其稳定的类型。他们决断力强，知道自己处理事情的时候该从何处入手，能够有条不紊地进行，最终妥善地解决。他们公私分明，不会因为感情上的波动而影响自己的工作。

此外，领带的厚薄虽不会给颈部改变多少温度，但是在视觉上，确有寒冷与温暖之分。丝、绸等质地轻软的领带比较适合在炎热的夏季佩戴，而且打出的领带结也比较细小，给人以清爽感。秋冬领带的颜色以暖色为宜。

深红色、咖啡色之类的暖色调，在视觉上能产生温暖感。在春夏季节，领带可选择的余地较大，不过可以以冷色为主、暖色为辅。

所以，如果你是一位女孩儿，那么在选择男朋友时，注意观察男友的领带，从他们的领带中，你将知道他是不是你要找的人。如果你是一位男性，那么你更应该知道领带的秘密，在看懂别人内心世界时，自己则更需要注意。

延伸阅读

领带是散发男人气质的名片，它的佩带与男人的品位有着密切的关系。因此，当领带一旦出现在男人的身上，就会流露出无声的语言，使人在方寸之间展开了无限的想象，或狂放，或典雅，或含蓄，并将丰富的内心世界传达出来。因此，我们可以从男士对领带的选择与喜好上看透对方的品位与心理等信息。

◎喜欢系素色领带的男人

选择这款领带的人给人平易近人的印象。他们往往遵循正统，不易变通，希望营造自己沉稳、成熟，值得相信和依靠的形象。另外，人们也有可能是出于改变自己形象的目的选择素色领带，例如，初入职场的年轻人。

◎喜欢系碎花领带的男人

这是比较节制的一种打扮，非常有分寸。选择这款领带的人通常是性格极其稳定的类型，决断力强，知道自己处理事情的时候该从何处入手，能够有条不紊地进行，最终妥善地解决。他们公私分明，不会因为感情上的波动而影响自己的工作。

◎喜欢系名贵领带的男人

选择名贵领带的人一般有两种。一种是出于自己职业、职位、个人气质、品位等方面的考虑，选择适合自己的名贵领带，这些人通常在西装、衬衣、鞋子等方面也舍得投资，无论何时何地总是衣冠楚楚，穿着得体；另一种则是出于爱慕虚荣的心理，他们常常选择名牌标记印在显眼位置的领带，为的就是使别人能够一眼看到，达到炫耀自己的目的。

◎喜欢打着不大不小领带结的男人

先不考虑领带的色彩和样式，也不管长相和体形如何，男人配上这种领带结，大都会容光焕发，精神抖擞。他们获得了心理上的鼓舞，会在交往过程中注重自己的言谈举止，所以不管本性如何，都显得彬彬有礼，不轻举妄动。由于认识到领带的作用，他们在打领带结的时候常常一丝不苟，把领带打得恰到好处。他们安分守己，把大部分的精力放到工作当中，勤奋上进。

◎喜欢系黑色领带，并搭配白色衬衫的男人

黑白分明是对阅历丰富之人的形容，所以喜欢这种打扮的人多为稳健老成之士。由于看得多，感悟也多，他们懂得什么是人生的追求。善于明辨是非，相信"善有善报、恶有恶报"，正义在他们身上得到了最大的展现。

◎不会系领带的男人

连系领带这种小事都要人代劳的人，大都心胸豁达而不拘小节。他们或是有某种常人没有的绝技在身，或是先天具有领袖才能，使他们不屑将精力消耗在系领带这样的细节上。他们性情随和，有同情心，朋友甚多，口碑亦好，且夫妻情笃、家庭和睦。

4. 喜欢戴风信子石钻石戒指的女人外美内空

Q: 我跟女友交往时间还不长，彼此了解尚浅。有一天，我们一起去逛街，无意走进了珠宝店。当时，她看中了一枚风信子石钻石戒指，并爱不释手。一天，我无意中跟一位朋友说起了这件事，没想到朋友说她外美内空。我真不敢相信。

A: 一般来说，喜欢戴风信子石钻石戒指的女人很在乎自己外在形象，往往忽略了内在修养。这可以作为一个提醒，你以后还得多观察才能做出正确的决定。

事 例

王贤是一个爱学习、爱旅游的男人，他忠实可靠，长得英俊潇洒，是很多女孩子心仪的男人。然而，他偏偏对这些女子毫无感觉，总想找一个知书达礼、贤淑良德，跟自己有共同爱好的女孩儿相伴一生。

在一次旅游途中，王贤认识了一个女孩子，名叫婉容。这个女孩子人如其名，长得很漂亮，皮肤像苹果一样白里透红，眼睛闪闪发亮。最重要的是，婉容只身一人来到陌生的城市旅游。这让王贤佩服不已。可以说，王贤对她一见倾心，而对方也有意。因此，他们很快就确定了恋爱关系。

在热恋期间，女友表现得温柔可人，王贤暗自庆幸自己已经找到了一位可以相伴一生的伴侣。然而，王贤没想到的是，后来发生的一件事改变了他对女友的看法。

有一天，王贤开着车带女友去逛街。但他没想到的是，女友一下车就直奔珠宝店。在珠宝里，女友一眼就相中了一款风信子石钻石戒指。

王贤见她爱不释手，就拿出钱包替她买下来了。女友戴着风信子石钻石戒指又逛了一会儿街。就在他们逛得正开心时，无意中遇到了王贤的一位朋友。

在王贤向朋友介绍女友时，朋友眼睛看着女友手上的戒指微微一笑。后来，他们找了一家咖啡店聊了起来。

王贤跟朋友聊了很多。最后在分手时，朋友附在王贤的耳朵边，轻声提醒道："喜欢戴风信子石钻石戒指的女人外美内空。"

王贤虽然有些不相信朋友的话，但更加注意女友。时间一长，他慢慢发现，女友确实不是自己要找的人，她不喜欢读书，更喜欢的是逛街，到处去玩。

更让他没想到的是，女友最终选择离开他。因为她找到了一个比王贤更多金的男人。

一般来说，喜欢戴风信子石的女人，大多非常在乎自己外在的形象，却忽略了内在的修养。她们虽然外表上看起来很有魅力，但实质则是腹中空空。这种人女人大多拥有很丰富的想象力，行动也只是一时心血来潮。

故事中的王贤不懂心理学，错误地以为自己找到了相伴一世的伴侣。如果他略懂心理学，当女友对风信子石钻石戒指爱不释手时，他就能读懂女友的内心世界。然而，面对朋友好心地提醒，他只是开始留心女友，并没有选择分手。当然，对一个不懂心理学的男人来说，确实应该这样做。假如他懂心理学，能够读懂女友的内心世界，他就不会受到更大的伤害了。

实践证明，婉容确实不适合王贤，最终他们走向了分手的道路。

所以，在选择女朋友时，如果你想要找一个有内在修养的女子，那么就要注意观察她手指戴的那一款戒指。从不同款式的戒指中读懂对方的内心世界，从而做出正确的选择。

延伸阅读

人的一双手在生活中常起着至关重要的作用，它在无形之中会向人泄露许多秘密，除了手的形状、特质，还与佩戴的饰物有着密切的关系。

戒指是手上最常见的一种饰物，下面介绍戒指与性格之间的关系。

◎结婚戒指紧紧套在手指上的女人表明其非常忠诚

一个人戴的若是结婚戒指，那么这枚戒指越大越华丽，则表明这个人的自我膨胀感和表现欲望越强烈。若戒指是紧紧地套在手指上，则表明她对人非常忠诚，反之亦然。

◎戴刻有家庭标志戒指的女人重视家庭

戴刻有家庭标志戒指的人，说明她对家庭是特别重视，而且也有表现、证明是家族一分子的心理。

◎戴代表自己生辰标志戒指的女人渴望他人了解自己

大多数戴代表自己生辰标志戒指的人，很想让他人了解和注意自己，同时也非常想去了解他人，并且会给予他人一定的关注。

◎戴钻石戒指的女人想引起他人注意

喜欢戴钻石戒指的人是希望以此引起他人的注意，她们常会为自己所取得的一点成就沾沾自喜，而且还有一点骄傲自满，容易陶醉在过去的美好意境中。

◎戴风信子石钻石戒指的女人外美内空

喜欢戴风信子石的人，大多非常在乎自己外在的形象，却忽略了内在的修养，所以虽然外表看起来很有魅力，但实质则是腹中空空。她们多有较丰富的想象力，而行动的意义则常是一时的心血来潮。

◎戴手工戒指的人喜欢标新立异

手工戒指多是非常独特和复杂的，对这种戒指情有独钟的女人，性格大多也是如此。她们也有较强烈的表现欲望，为了让他人认识和注意自己，她们可能会花费很多心思。她们喜欢标新立异，树立自己独特的风格，并且有十足的信心认为自己一定会成功。

5. 喜欢蓝色服装的人自尊心强

Q：我有一个同事喜欢穿蓝色、蓝紫色服装，我们平常关系很要好。可是有一天，我只是在他面前说另一个同事的坏话，没想到他竟然生气了。我真想不通，我又没说他，他为什么生气呢？

A：喜欢穿蓝色、蓝紫色服装的人，大多性格缺乏决断力、实行力，他们自尊心非常强烈，如果想接近喜欢这类色彩服装的人，应按部就班，并投其所好。值得注意的是，千万不能在这种人面前说别人的坏话，当你在他面前说别人坏话时，他会假惺惺地骂你。

事　例

今天，林晓杰正在工作时，一张陌生的面孔出现在他面前。主管介绍道："这是我们的新同事王兵。"

林晓杰抬起头来，打量了他一番，发现这位新同事穿着一套蓝色服装，看上去很随和。刚好，主管又把他安排在自己旁边的座位，一来一往，他们便建立起了良好的关系。

一直以来，林晓杰都认为王兵是一个很不错的人。然而，林晓杰怎么也没想到，因为自己一句无心之谈，他们两个人的关系就这样破裂了。

事情是这样的。有一天，林晓杰跟另一个同事李洋闹矛盾了，郁闷不已，便气急败坏地向王兵诉说。说到气愤之处，林晓杰口无遮拦地骂道："李洋真不是什么好人，竟然这样阴险！"

林晓杰话刚说出口，王兵就生气了，还大声骂道："你才不是什么好人！"

林晓杰吓到了，他更想不通，自己又没骂他，他为什么反倒骂自己了。冲动之余，便动起了拳头。两人打了一架，关系因此而破裂。

事情虽然过去了，但林晓杰依然不明白王兵为什么会对自己生气。一段时间以后，他跟一位略懂心理学的朋友谈起这件事。朋友听了之后，便问道："他一般喜欢穿什么颜色的衣服？"

林晓杰虽然不明白朋友的意思，但仍然想了想，回答道："喜欢蓝色服装！"

这位朋友拍着手说道："这就是了。一般喜欢蓝色服装的人大多性格缺乏决断力、执行力，他们自尊心非常强烈，如果想接近喜欢这类色彩服装的人，应按部就班，并投其所好。值得注意的是，千万不能在这种人面前说别人的坏话，当你在他面前说别人坏话时，他会假惺惺地骂你。"

林晓杰终于明白是怎么回事了，同时也后悔自己不懂心理学。假如自己早知道王兵是这样的人，那就不会跟他亲近，更不会跟他谈心事。

一般来说，我们说一个人很有魅力，往往不是因为他长得如何俊美，而是因为他的举止高雅、穿着得体、风度不凡。因为我们观察一个人的时候，有80%—90%的注意力集中在他的服饰上。不同的穿着打扮体现着人们对自己的社会角色和周围世界的不同态度。

不仅如此，穿着打扮还能反映一个人的修养、职业、心理。心理学家就是通过一个人选择什么颜色的服装来分析人的不同心理。一般来说，在选择服装色彩的时候，人们多少会受到心态的影响。因为每个人所穿服装的色彩，总是和自己当时的心理活动状态有着一定的联系。所以，从每个人所喜爱的颜色上多少可以看出他具有什么样的心理。

假如故事中的林晓杰懂一点儿心理学，就能从王兵喜欢穿蓝色服装这一细节中读懂他的内心世界，知道他自尊心强烈。那么在与这种人相处时，就能注意交往方式，也就不会产生这么大的矛盾。所以在人际交往中，我们应该注意一个人的穿着打扮，从对方所喜爱的颜色中读懂他的内心。

延伸阅读

服装在人们的日常生活中占有十分重要的地位。穿着打扮不仅反映一个人的修养、职业，而且也能反映其心理。所以，我们能从服装的颜色选择上分析出人的不同心理。

◎喜欢穿白衬衫的人现实

白衬衫大部分是白领阶层或坐办公桌人的穿着，他们属于职场中的大多数，因此容易隐藏性情，个性较保守，表面上看起来安分守己。

这类人容易自以为是。对于自己喜欢的工作，他会一意孤行地追求和实现，总是以工作为人生的支点，是不折不扣的现实主义者，对工作有一贯认真的态度。他们享有较高的社会地位，为了维持自己的"白领"形象，他们无时不在为工作做出努力，他们是上司眼里的精英、下属心中的怪物。

这类人在生意场上常常是躁动分子，极可能与他人起冲突，随时有动干戈的事情发生。在人际交往中，遇到这类穿着的人要有戒备之心，他们总会为自己的失误找出各种借口。他们没什么话题可说，重要的事情交涉后，关于酒色话题一般不参与讨论。

◎喜欢穿黑色服装的人为人忠厚

喜欢穿黑色服装的人的性格特征是：对别人的态度不温柔，很难接近。但假如了解了他的心理之后，你会发现他是个非常有趣的人。这类人大多都有点儿罗曼蒂克的气质，这类人性格通常多是温柔善良、为人忠厚，且具宽容的气度。在商场上遇到这类人时，你必须对他持诚实的态度。他要你做的事，能够办到的话，你一定要立刻付诸行动，让他了解你，然后成为他的朋友和合作者。

喜欢穿黑色服装人，对人依赖心非常重。这种类型的人在性格上不喜欢半途而废，任何事情都要彻底明白，看起来好像是个乐观的人，实际上是为了隐蔽某一点，所以花费很多心思来表现大方之处。这种人实质上有纤细神经的一面，经常处于紧绷状态。

◎喜欢蓝色、蓝紫色服装的人自尊心强

喜欢穿蓝色、蓝紫色服装的人，大多性格缺乏决断力、实行力，说话较啰唆，缺乏羞耻心和责任感，由于这类人不善于表露自己的情感，是自尊心非常强烈的人。

与这种人相处时，如果你缺乏观察眼光的话，会感觉这种类型的人是很好的人！其实这种人缺乏人情味。要想接近喜欢这类色彩服装的人，应按部就班，并投其所好。同时在这种人面前不能说别人的坏话，这种人在你说别人坏话时，他会假惺惺地骂你。

本章小结

1. 喜欢戴圆顶毡帽的人

戴礼帽的人感觉很有绅士风度，而戴圆顶毡帽的人更忠实肯做事。

2. 淡妆的女子

喜欢化淡妆的女人，她们追求的妆容看起来说得过去就可以了，并不要特别地突出自己，她们的自我表现欲望并不是特别强，有时甚至非常不愿意让他人注意到自己。这一类型的人有很多都是相当聪明的，也会获得一定的成就。

3. 喜欢系碎花领带的男人

喜欢系碎花领带是比较节制的一种打扮，非常有分寸。选择这款领带的人通常是性格极其稳定的类型，决断力强，知道自己处理事情的时候该从何处入手，能够有条不紊地进行，最终妥善地解决。他们公私分明，不会因为感情上的波动而影响自己的工作。

4.喜欢戴风信子石钻石戒指的女人

一般来说，喜欢戴风信子石钻石戒指的女人很在乎自己外在形象，往往忽略了内在修养。

5.喜欢蓝色服装的人

喜欢穿喜欢蓝色、蓝紫色服装的人，大多性格缺乏决断力、执行力，他们自尊心非常强烈，如果想接近喜欢这类色彩服装的人，应按部就班，并投其所好。值得注意的是，千万不能在这种人面前说别人的坏话，当你在他面前说别人坏话时，他会假惺惺地骂你。

第九章

细节决定高度，透过细节摸清其工作态度

在现代，想做一番大事的人很多，但愿意把小事做细的人很少。所以，在职场中，我们通过仔细观察一个人是否注重细节，就知道这个人将来会不会取得一番成就。因为一个人只要能完善每一个细节，就一定会做好每一件事，必定会达到预期目的。

1.走路沉稳的人做事务实

Q：我需要从下属中提升一个部门副手，其中有两个人都很适合，他们一个走路沉稳，一个走路匆忙，我应该提升谁呢？

A：副手必须要务实啊！一般来说，走路沉稳的人务实，走路匆忙的人讲究工作效率，是一个典型的行动主义者，更适合当一把手。我看你还是提升那个走路沉稳的人吧！

事　例

蒋乐兵与郭世平是同一天进入公司销售部的同事，他们从那时起就建立了深厚的友谊，中午时两人一起吃饭，下班时一起坐车回家，两人就如亲兄弟一般。同事们也常常取笑他俩真是形影不离的哥们儿。

蒋乐兵比郭世平大一岁，他走路沉稳，不管遇到了多么重要紧急的事，他都是不慌不忙的。在工作中也一样，他对待工作总是不温不火，一副磨磨蹭蹭、慢吞吞的样子，即使别人说什么，他也不会在意什么，更不会加快自己做事的速度。销售部每个月都要制订销售计划，蒋乐兵的销售计划总是那个数值，并且基本上都能如数完成。

与蒋乐兵截然相反的郭世平，他走路匆忙，步伐急促，只要决定做什么事情，都会立即去做，绝不会拖泥带水。相对来说，郭世平更加充满活力、喜爱运动，即使穿西装、打领带都比蒋乐兵精神得多。每个月在制订销售计划时，他总会多写一点，即使无法完成，他也觉得那是一种激励。

蒋乐兵与郭世平都很敬业，但郭世平的工作业绩却比蒋乐兵高出很多。一转眼，新的销售年度来了，销售经理被一家猎头公司挖角，副经理晋升为经理，需要在下面的员工中挑出一名副经理。大家都争先恐后地递出申请，而蒋乐兵却像什么事也没发生一样，随便写了一份推荐书交差了事。

晋升的经理仔细认真地审问了这些申请书，他从中挑出了两份，一份是蒋乐兵的推荐书，另一份是郭世平的申请书。经理仔细做了对比，他很清楚郭世平的能力高于蒋乐兵，但作为副手更需要的是务实，于是他便开始考查两人。

通过仔细观察，经理发现蒋乐兵走路沉稳，郭世平走路匆忙。因此，蒋乐兵总是走在郭世平后面，好像郭世平在等蒋乐兵一样。经理由此断定，蒋乐兵更务实。于是，便提拔了蒋乐兵为副经理。

接到任命通知，蒋乐兵感到疑惑不解，于是就去问经理为什么没有提升郭世平。经理笑着说："务实的工作态度是作为一个副经理必不可少的条件，从你们的走姿中，我发现你走路沉稳，比较务实，而他走路匆忙，做事更讲效率。"

蒋乐兵这才恍然大悟。

上司提拔谁，绝不是无缘无故的，而是有他自己的考量。作为一名上司，要提拔一个副经理，在走路沉稳与走路匆忙的人中，你会选择谁？

一个人走路的样子千姿百态，各不相同，给人的感受也各个相异。走路姿势除了能显示自己的教养与风度，还能表露出一个人的心理活动。人的性格与行动有着很大的关系，从一个人走路的姿势就可以推断出其当时的心理状态。

一般来说，走路沉稳的人更务实。他们走起路来步伐平缓，看上去总是不疾不徐。他们是典型的现实主义者，凡事都讲求稳重，做任何事情都是"三思而后行"，绝不会好高骛远、不顾实际。故事中的蒋乐兵就是这样的人，上司之所以会提拔他，就是因为他通过观察蒋乐兵走路沉稳的走姿，揣摩出他务实的工作态度，而副经理正是需要这种务实的工作态度。所以，在务实的蒋乐兵与能力强的郭世平之中，他选择提拔蒋乐兵。

作为一名上司，了解下属的性格与工作态度非常重要。只有了解了下属的工作态度，才能对号入座，给他安排相应的职位，从而发挥出他们的潜力。

延伸阅读

人走路的样子千姿百态，各不相同，给人的感受也各个相异。作为一名主管应该多观察下属的走姿，从他们的走姿中，你能发现意想不到的秘密哦！

◎走路沉稳的人做事务实

走路沉稳的人从来都是不慌不忙，哪怕碰到了最重要最紧急的事。这种人办事历来求稳，无论做什么事情都要"三思而后行"。他们比较讲究信义，比较务实，一般来说，工作效率很高，说到做到。

◎走路前倾律己甚严

有的人走路总是习惯上体前倾，而不是抬头挺胸。这种人的性格比较内向和温和，为人比较谦虚，一般不会张扬，很注意严格要求自己，很有修养。

◎走路低头没有目标

有的人走路的时候总是拖着步伐，把两只手插进衣袋里，头常常低着，不抬头看路，不知道自己最终要去哪里。这样的人往往是碰上了难以解决的问题，到了进退维谷的境地。很多快要走入绝境的人常常有这样的表现。

◎步伐矫健的人思维灵活多变

步履矫健，轻松自如，灵活敏捷，富于弹性，这种人使人联想到年轻、健康、充满活力。

具有这样步态的人，一般都是正人君子。当然，应该透过现象看本质，不要被假象所迷惑。

◎走路匆忙的人行动力强

走路匆忙、步伐急促的人是典型的行动主义者，他们精力比较充沛，精明能干，适应能力特别强，勇于面对生活和工作的各种挑战，做事讲究效率，从不会拖泥带水。

◎小碎步，快节奏走路的人保守

这类人多是一种保守而又呆板的人，他们的步伐通常很快，常常走小碎步，手臂的动作也是非常机械、呆板。

2. 喜欢在名片上印上绰号或别号的人没有责任感

Q: 听说可以从一个人的名片上识别一个人的性格与工作态度，那么，名片上印着绰号的人对工作的态度怎么样？

A: 一般来说，名片上印着绰号的人没什么责任心，你可不要把重要的事交给他去办啊！

事 例

陆小峰是一个市场业务员，他的工作能力很出色，懂得如何跟客户交流、沟通，不时签下许多订单。但他有一个很不好的习惯，总喜欢在自己的名片上印上绰号或者别号。经理在赏识他之际，总是时不时地提醒他改掉这一不良习惯。然而，他虽然口上常说改，但从来不曾改过。

有一次，公司有一个非常重要的单子需要去签。市场经理思来想去，总觉得陆小峰是最好的人选，因为他的谈判能力很强，相信他一定能圆满完成任务。

这天，市场经理与陆小峰一起来到总经理的办公室。市场经理先向总经理介绍陆小峰，言语中不乏吹捧之意。当陆小峰得意之际，总经理说道："把你的名片给我看看。"

陆小峰不明所以，立即递上自己的名片。总经理拿到名片一看，发现名片上并没有印着他的名字，而是印着绰号，他不由自主地皱起了眉头。过了一会儿，他便吩咐陆小峰先出去。

陆小峰出去后，总经理对经理说道："我觉得他不能担当这份重任。"

市场经理惊讶地问道："何以见得？"

"你没发现他的名片上印着绰号吗？"总经理指着陆小峰的名片说道。

"我知道，我还一度地提醒过他，但他说这是他的个人习惯，所以我也没太注意了。"市场经理想了想说道。

"名片上印着绰号的人没有责任感，你怎么能把这么重大的任务交给一个没有责任感的人去完成呢？"总经理有些生气地说道。

市场经理一听，便立即解释道："他的谈判能力真的很强，前几天还签了一张大单子呢！整个市场部没有谁的业务能力比他还强。"

总经理叹了一口气，没再说什么。果然不出总经理所料，那天陆小峰去见那位客户时，因为迟到了，客户非常生气地走了。

市场经理把一项重要的任务交给一个没有责任心，但谈判能力很强的下属去完成，这样的决策对吗？

几乎每一个人，都有一张印满自己头衔的名片。名片的种类各种各样，有的内容非常复杂，头衔颇多；有些像艺术家的手笔，构思新颖；有些则特别简单，只是印上自己的名字和电话，甚至连地址也不标注，不外乎是告诉别人有这么一个人存在。

从某种程度上说，名片是让他人认识自己的一扇窗，有的名片甚至囊括了一个人一生的成就和所得。所以，透过名片看人是十分有效的方法。

故事中的市场经理完全不懂名片背后的含义，认为那只是个人的习惯而已，并没有放在心上。然而，他没想到的是，正是他的大意给公司造成了莫大的损失。总经理虽然通过陆小峰喜欢在名片上印上绰号这件事看出他是一个没有责任心的人，但是却没有考虑到一个人的责任心大于一切。假如他当时找一个责任心很强，但谈判能力不及陆小峰的人去见这位客户，也许胜算的可能性会更大。

因此，作为一名上司，在交代下属任务时，不妨先看清对方的工作态度。而名片囊括了一个人一生的成就与所得，不妨从这里找到突破点。

延伸阅读

从某种程度上说，名片是让他人认识自己的一扇窗，有的名片甚至囊括了一个人一生的成就与所得。所以，透过名片看人是一个十分有效的方法。

◎喜欢在名片上用粗大字体印上自己名字的人表现欲强

这类人多表现欲望强烈，他们总是不时地强调自己，凸显自己，以吸引他人注意的目光。这种人的功利心一般都是很强烈的，但在为人处世方面却表现得相当平和与亲切，具有绅士风度。他们最擅长使用某些手段来达到自己的目的，他们的外表和内心经常会相当不一致，在表面他们是相当随和的，但实际上不容易让他人真正靠近。他们善于隐藏自己，为人处世懂得谨慎行事，更能把握分寸，使一切都恰到好处。

◎在名片上不印任何头衔的人个性较强

这类人大多个性较强，他们讨厌一切虚伪、虚假、不切合实际的东西。他们并不十分看重自己的身份和地位，也很少考虑他人对自己的看法，他们只喜欢按照自己的意愿去做事，而不是被他人支配和调遣。而与此同时，他们也很少对别人指手画脚，发号施令。他们一般具有超乎一般人的想象力和创造力，所以经常会有所创新和突破。

◎名片的质地、形状和色泽都显得相当另类的人喜欢独来独往

这类人的表现欲望相当强烈，而且喜欢卖弄。他们大多喜欢无拘无束、自由自在的生活，自己想做什么就做什么。这种人大多头脑灵活，有不错的口才，但他们习惯独来独往、我行我素，所以除了自己的东西，对其他任何事物很难产生浓厚的

兴趣。他们是非善恶往往分得很清楚，并且表现出来也会让人一目了然，所以他们会经常招惹一些麻烦。在人与人的交往中，他们缺乏足够的协调性，人际关系并不是很好。

◎喜欢用轻柔质感的材料制作名片的人

这类人具有很强的审美观念，不太轻易与人发生争执。在条件允许的情况下，他们会尽力去原谅对方。他们比较富有同情心，会经常去帮助和照顾他人。但这一类型的人不算太坚强，意志薄弱，常会给自己带来一些失败和麻烦。

◎在名片上附加自己家里的住址和电话的人

这类人大多是具有较强的责任感，否则他们不会把自己家里的地址和电话印在名片上。这样，如果他不在办公室，对方一定会找到家里来，把事情解决。而与此相反的，恰恰有许多人为了逃避工作上的麻烦，而拒绝告诉他人自己家的地址和电话。

◎喜欢在名片上加亮膜，使名片具有光滑效果的人

这类人在外表上看起来大多显得热情、真诚和豪爽，与人相交十分亲切和善，但这可能只是他们交往中惯使的一种敷衍手段，实际上他们多是虚荣心比较强的人。

◎在名片上印有绰号和别名的人

这类人的叛逆心理大多比较强，做事常无法与其他人合拍。他们为人处世一般是比较小心和谨慎的，但有些神经质，常常会有一些无端的猜疑，猜疑别人的同时也怀疑自己，这使得他

们很容易产生自卑感，在遇到挫折和困难的时候，缺乏足够的信心，总是想妥协退让。从某一方面来讲，他们没有太多的责任心，并且还总会想方设法来逃避自己该负的责任。

3. 把办公桌与抽屉收拾得整整齐齐的人做事井井有条

Q：都说从一个人整理办公桌的态度能看出一个人的工作态度，那我是不是应该注意观察新员工是怎么整理办公桌的？

A：这样做就对了，在办公室里，办公桌是最容易泄露一个人工作态度的地方。你仔细观察，就能获得意想不到的收获哦！

事 例

周小兰与赵佳一同进入公司担任行政专员，她们都长得清秀可人，都是本科毕业生。但是，周小兰性格比较内向，而赵佳的性格则比较活泼开朗。

她们两个来公司没几天，行政经理的助理就辞职了。因此，行政经理便考虑从行政专员中提拔一个助理。不管是学历，还是相貌，毫无疑问，周小兰与赵佳都是最佳人选。因此这几天，行政经理与周小兰、赵佳两人接触，以便了解她们的能力与工作态度。

经过几天的接触，行政经理发现周小兰的性格比较内向，而赵佳的性格则比较活泼开朗，当然赵佳的性格更适合担任行政助理的职位。

就在行政经理打算提拔赵佳任行政助理时，他意外发现赵佳的办公桌面与抽屉都是乱七八糟的。他心里不由得一惊，他想起有一本书里说，把办公桌面与抽屉都弄得乱七八糟的人喜欢凭一时冲动做事。他们做事不拘小节，经常是马马虎虎，得过且过。这类人不会整理上司的办公桌，更不可能做好行政助理这份工作。

行政经理沉思了一下，又来到了周小兰的办公桌前。他发现周小兰的办公桌与抽屉都收拾得整整齐齐，各种物品都放在了应该放在的位置上，给人一种特别舒服的感觉。这类人做事井井有条，相对而言，很适合助理的工作。

经过一番考查，行政经理最终决定提拔周小兰为行政经理的助理。

作为一名上司，你在选用或者提拔一个人时，你是否仔细地观察过他的办公桌面？

办公室里，办公桌是最容易泄露一个人工作态度的地方。作为上司，如果你想知道新来的员工拥有什么样的工作态度，不妨注意他整理办公桌的行为举止。

　　故事中的行政经理一比较，最后选择提拔性格比较内向的周小兰。这是他仔细观察周小兰与赵佳办公桌后所得出的结果。从她们办公桌面的状态，行政经理看出了她们的工作态度，周小兰把办公桌面与抽屉都整理得整整齐齐，这充分说明她是一个做事井井有条的人，工作肯定极有效率。而赵佳虽然性格开朗、活泼，但她却把办公桌与抽屉弄得乱七八糟，做什么事都欠缺考虑，仅凭一时冲动做事，自然很容易把事情搞砸。经过权衡，行政经理最终决定提拔周小兰为助理。

　　假如行政经理当初没有注意到周小兰与赵佳的办公桌，也许他就用人不当了。既影响了公司形象，还降低了工作效率。

　　从上面的故事中，我们得出一个结论：在并不熟悉下属的情况下，如果想了解其工作态度，最好的方式就是观察他的办公桌。从他的办公桌上面，你能发现许多秘密哦！

延伸阅读

　　在办公室里，办公桌是最容易泄露一个人工作态度的地方。作为上司，如果你想知道新来的员工拥有什么样的工作态度，不妨注意观察他整理办公桌的行为举止。

◎办公桌与抽屉收拾得整整齐齐的人做事井井有条

　　不管是办公桌的桌面上，还是抽屉里，都是整整齐齐的，各种物品都放在该放的位置上，让人看起来有一种相当舒服的感觉。这表明办公桌的主人办事极有效率，他们的生活也很有规律，该做什么事情，总会在事先拟订一个计划，这样不至于措手不及。他们很懂得珍惜时间，能够精打细算地用不同的时间来做更有意义的事情。但是他们习惯了依照计划做事，所以，对于一些意料之外发生的事情，常常会令他们感到不知所措。在这一方面，他们的应变能力显得稍微差一些。

◎抽屉和桌面都是乱七八糟的人凭一时冲动做事

这类人大多待人相当亲切和热情，性格也很随和，做事通常只凭自己的喜好和一时的冲动，三分钟热血过后，可能就会自然而然地放弃。他们缺少深谋远虑的智慧，不会把事情考虑得太周密，也没有什么长远的计划。生活态度虽积极乐观，但太过于随便，不拘小节，经常是马马虎虎，得过且过，但是他们的适应能力较一般人要强一些。

◎桌面上收拾得很干净，但抽屉内却是乱七八糟的人喜欢耍小聪明

这样的人虽然有足够的智慧，但往往不能脚踏实地地做事，喜欢耍一些小聪明，做表面文章。他们性格大多比较散漫、懒惰，为人处世并不是十分可靠。在表面上看来，他们有比较不错的人际关系，但实际上，却没有几个人是可以真正交心的，他们也是很孤独的一群人。

◎各种资料错综交叉地放在办公桌上

各种文档资料总是这里放一些，那里也放一些，没有一点规则，而且轻重缓急不分。这样的人大多做起事来虎头蛇尾，

总也理不出个头绪来。他们的注意力常被一些其他的事情分散，从而无法集中在工作上，自然也很难做出优异的成绩。他们也想改变自己目前的这种状况，但是自我约束能力很差，总是向自我妥协，过后又后悔不已，可是紧接着又会找各种理由来安慰自己。

4. 打电话习惯性地记下要点的人对工作严谨

> Q：今天，我看到我的一个下属打通电话后需要记信息时，才慌慌张张地找纸，真是一点儿效率都没有。
>
> A：打通电话需要记信息时才找纸的人做事潦草，想到哪儿才做到那儿，没有计划性，将很难做成大事。

事　例

吴明是一家电话行销公司的董事长。这天，他拿着公司的报表一看，发现公司收益非常不好。于是，便找业务经理谈话。然而，业务经理总是以市场萧条为借口来推脱责任。但吴明心里很清楚，与其说市场萧条，还不如说公司员工工作不积极。

俗话说："擒贼先擒王。"为了找出经理的工作破绽之处，吴明暗中观察他与整个业务部。因此，他开始细细观察每一位业务员及业务经理。很快地，他发现业务员打电话的习惯动作完全不一样。

小李是业务部的主管，他打电话前总是先把纸准备在手。

只要客户说什么需要记下，他立即拿起笔记下来。吴明曾经看过一本行为心理学的书，书里说这类人对工作非常严谨，他们会注意到一些小细节，绝不会敷衍了事。因此，吴明微笑着从侧面拍了拍小李的肩膀。

然而，当他继续观察时，却意外地发现业务经理一边拿着话筒，一边四处找纸。吴明的眉头不由自主地皱了起来，他知道一个打通电话需要记信息时才找纸的人做事潦草，他们做到哪儿想到哪儿，根本就不可能做出什么大事来。于是，将经理降为主管，将主管晋升为经理。

在业务主管升职的那一天，公司召开了大会。吴明在大会上发表了演讲，希望大家以后向现在的业务经理学习，养成严谨的工作作风。

在职场中，如果你发现你的下属一边打电话，一边找纸时，会怎么想呢？

故事中的老板为什么将业务经理的职位降低为主管，而将主管提升为经理？因为他通过仔细观察，发现经理是一个打通电话需要记信息时才找纸的人，而主管则是一个打电话之前，就会把纸准备好，为记信息做好准备的人。很显然，主管的工作态度比经理严谨得多，自然应该得到升迁。

相对来说，主管更善于把工作做好，因为从这一细微的动作中，老板发现他思考问题细微周到，会注意到很多小细节，绝不会敷衍了事。像这样的人，既会严格要求自己，又会严格要求员工。老板相信一个团队在他的带领下，一定能提高工作效率。

而经理接通电话需要记信息时才开始找纸，从这个举动可以看出：他做事潦草，做到哪儿才想到哪儿，没有一点儿计划性，还会敷衍工作。像这样的人，怎么能带领一个团队提高工作效率。所以老板做出这样的决定，自有他的道理。

延伸阅读

一个人打电话的习惯动作会暴露他的心理，如果你仔细观察，你就会发现它的内在含义哦！

◎打电话习惯性记下要点的人做事严谨

打电话习惯性地记下要点的人在接听电话前，就会把便条纸准备在手。他们思考问题很周到，对自己的工作要求严谨，会注意到小细节，绝不会敷衍了事，很善于把工作做好。他们的优势在于考虑周密、重感情，但遇到突发的情况，会有点儿无法适应。

◎打通电话需要记信息时才找纸的人做事潦草

在接到电话后需要记下信息时才开始找便条纸的人，是想到哪儿做到哪儿的人。他们做事缺乏计划性，很懂得随机应变，但往往情绪变化无常，做事潦草，给人一种城府不深的感觉。

◎边讲电话，边整理办公桌的人做事不专心

一般来说，一边做别的事，一边讲电话的人做事不专心。

这类人通常一边整理桌上的书与文具，一边接电话，他们说话不专心，还会随着其他事物转移注意力。

◎边讲电话，边写下无意义的话的人无聊

一般来说，边说话边写下无意义的话是一种无聊的表现。这是讲电话时不用心，不管说什么都无所谓的最佳证据。因此，这一举止表明这种人处在闲得无聊的状态。

5. 写字字体垂直者责任感强

> Q：在众多面试者中，我怎么才能找出责任感强的应聘者呢？
>
> A：这还不简单，仔细观察他们的笔迹，从笔迹中能看出一个人的性格与做事态度。

事　例

"总经理，他们三个过五关斩六将，进入复试，请你最后定夺。"面试官向总经理介绍道。

"市场部经理已经面试过了？"总经理问道。

"是的，经过交谈，市场经理发现他们三个各有优势，无法定夺。所以……"面试官毕恭毕敬地回答道。

"好了，我知道了！你把他们的笔试试卷给我看看。"总经理吩咐道。

面试官一边递上笔试试卷，一边说道："他们都得了90分。"总经理什么也没说，接过试卷，认真地看了起来。

过了一会儿，总经理问道："谁是乔建军？"

"我是。"一个长相平平的男子站了出来。

"你被录用了。"总经理淡淡地说道。

三个应聘者与面试官都愣住了，他们怎么也没想到，总经理的面试这么快就结束了。面试官想说什么，话到嘴边却咽了下去。

被录取的乔建军没有辜负总经理的期望，来公司一个月后，就签下一张大单子。面试官在高兴之余，不解地问道："总经理，你当初是怎么筛选的？"

总经理笑着说："我是从他们写的字看出他们的性格与做事态度。乔建军写字字体垂直，这种人责任感强，注重实践，会根据自己的分析判断来做决定。这样的人正是市场所需要的。然而，其他两个一个喜欢写大字，一个喜欢写小字。喜欢写大字的人做事鲁莽，而喜欢写小字的人观察力与注意力都很强，但他做事过于谨慎，容易受外界环境影响，更适合从事会计之类的工作。"

总经理说到这里，面试官不由自主地向他竖起了大拇指。

作为公司的管理员，在录取员工时，是否也有举棋不定的时候，如果无法从谈吐来决定录取谁，还可以从他的日常行为动作，比如，喜欢写什么样的字体来做决定。

有一个人曾说了这样一句话："你有一手一塌糊涂的字，就说明你有一颗一塌糊涂的心。"由此可知，我们可以从一个人的字迹看出他的性格与做事态度。

故事中的总经理在难以取舍之际便想到察看一个人的字迹，看他喜欢写什么样的字，从而揣摩出对方的性格与做事态度。一个人的字迹一目了然，乔建军写的字字体垂直，其他两个人一个写大字，一个写细小的字。从他们的字体中，总经理揣摩出了他们的性格与做事态度，很快就做出了决断。

作为公司的管理员，通过字迹来看对方的性格与做事态度不失为一个好方法。因此，在录取员工，或者提拔员工时，不妨注意观察他写的字，从这些字里，你能找到自己想要的答案。

延伸阅读

古今中外都有流传，从一个人的字迹能看出他的性格与做事态度，作为一名上司，在员工面试时，不妨注意观察他写的字，从这些字里，你能发现意想不到的秘密哦！

◎喜欢写细小字的人观察力好

一般来说，习惯写细小字的人（字体大小在 2 毫米至 4 毫米之间）有很强的观察力与专注力。他们办事认真细心，但过于谨慎小心，警觉性很高，容易受外界环境的影响，非常在意别人对自己的看法。假如字迹细小，并且越写越往上。这表明书写者注意力非常集中、理智、冷静，善于分析判断，有耐心、仔细，喜欢做一些细致工作。

◎喜欢写大字的人做事鲁莽

一般来说，习惯写大字的人（字体大小在 6 毫米至 8 毫米之间）喜欢引起别人的注意，好表现自己。做事比较迅速但有些鲁莽，喜欢以自我动机为行动导向，做事有目的、有计划，不注重细节。

◎字体垂直者责任感强

一般来说，写字字体垂直的人注重实践，独立自主，头脑理智、清晰，根据自己的分析判断来做决定，一旦做出决定后，就不容易改变。自我控制力强，行事谨慎，有节制，认真，忠于职守，责任感与原则性都很强，情感反应不强。

◎扁形字具有顽强的毅力

书写扁形字体的人具有坚定的信心和顽强的毅力。他们一般不容易受外界环境的影响，甚至固执己见，喜欢钻牛角尖。做事认真、负责，行事有条理、有计划，但有时刻板僵化，缺乏弹性。

如果扁形字向右倾表明书写者有理想、有抱负，积极进取，勇于开拓，为人热情，热爱生活，乐于助人，很容易与人相处，敢于冒险。

如果扁形字体向左倾表明书写者具有叛逆的性格，上进心很强，能吃苦耐劳，做事持之以恒，坚韧不拔。写这种字体的人清高孤傲，不屑于世俗的事，对现实社会常感愤懑不平，胸怀理想却觉得壮志难伸，内心充满矛盾斗争。

6."摩拳擦掌"的人工作热情极高

Q：我给我的下属安排了一项任务，希望他去完成。可是他接到任务时，摩拳擦掌，似乎不太情愿一样。这是为什么？

A：你安排任务给他，他摩拳擦掌是好事啊！这说明他非常热衷于这件事，正跃跃欲试呢！

事 例

王梦洁是一家公司的后勤专员。她性格开朗、活泼，深得同事们的喜欢。去年劳动节时，公司举办员工旅游，而旅游地点基本上都是由大家投票决定。由于王梦洁上大学时学的是休闲旅游，她有许多同学都在旅行社任职。如此一来，她就能拿到一些较低的价格，并且还有所保障。因此她自告奋勇，主动向后勤主管提出这事由自己来安排。由于王梦洁安排稳妥，上次大家都玩得很愉快。

今年劳动节又到了，王梦洁早早地开始上下活动，搜集各种小道消息，跟多位经理打听这次出行有什么计划。

公司的几位经理跟新来的后勤主管讨论了一下，便决定去峨眉山。回到办公室后，后勤主管焦急地在网上搜索旅行社资讯。就在他着急不已时，一向热衷于此的王梦洁来到了他的办公室。她一边不断地快速地摩擦手掌，一边笑眯眯地望着主管，兴奋而又大声地说："主管，您把这个任务交给我吧！我有好多同学都在旅行社，我今天下班就去联系！"

主管转过身来，看到王梦洁不断快速地摩擦手掌的动作，脸上露出了会心的笑容。他笑着说道："好啊！不过你可得给我安排好哦。"

"您就放心吧！主管，这事就交给我好了，包您满意。"王梦洁兴奋地说道。

"嗯，好，那我就放心吧！你先下去吧！"主管微笑着说道。

王梦洁高兴极了，她几乎跳着离开了主管办公室。

当你安排给下属一项任务时，你的下属似乎也出现了"摩拳擦掌"的举止？如果对方不说，你能读懂他这种"摩拳擦掌"的身体语言吗？

一般来说，快速"摩拳擦掌"这种动作通常表示对方正怀着一种跃跃欲试的心理。当一个人特别希望做这件事时，就会下意识地做出这种动作。故事中的王梦洁极其热衷安排旅行这件事，因此，她快速"摩拳擦掌"的举动自然而然地表露了出来。王梦洁快速"摩拳擦掌"就表明她心理已经做好全力以赴的准备。后勤主管也心领神会，毫不犹豫地把这件事交给她去完成。

然而，有一些上司并不解其意，看到下属快速"摩拳擦掌"，还以为下属不乐意去完成。或者误认为下属正在刻意隐瞒自己什么事情。因此作为上司，很有必要了解"摩拳擦掌"这个动作的含义。

在了解"摩拳擦掌"这个动作的含义时，还必须注意一点：和所有的身体语言一样，"摩拳擦掌"这个动作在不同的情况下，表达着不同的含义。例如，在寒冷的冬天，你和下属一起等车回家，此时他摩拳擦掌是因为他感觉到冷，想借此动作，让自己的双手暖和起来。还有一种可能，有时候，有些下属犯了错也会做出这个动作，这时则表示一种复杂心情。既有期待，又有不安的成分。他既期待能够拥有一个好的结果，又十分担忧可能出现不好的结果。

同样是摩擦双手，不同的背景条件下表示着不同的含义。因此，上司不要一看到下属做出这种举动，就盲目地下定论，而应该针对不同的情况具体分析，经过分析、比较后，再得出结论。否则，就有可能出现用人不当，或者误解下属的情况。

延伸阅读

◎缓慢搓动手掌的人正在思考

摩擦手掌的速度不同，表示的意思也不同。一般来说，缓慢地搓动手掌的人，通常会给人一种正在思考的感觉，这让人感觉他正在谋划什么。那么，他接下来所说的话可能隐藏着一定阴谋，不可能百分之百的真诚。

◎快速搓动手掌的人热情极高

快速搓动手掌表明此人此时热情极高，对这件事极为热衷，有一种跃跃欲试的心态。一般来说，当一个人特别希望做某件事情时，往往会下意识地做出这个动作。

◎天冷时，摩拳擦掌是为暖和双手

天气寒冷时，一个人摩擦双手既不是向谁表明决心，又不是表明他对某件事抱着乐观的态度，或者热切希望班车快点到来。他之所以这样，是因为他感觉到手冷，想借此动作，让自己的手暖和起来。

◎下属犯了错摩拳擦掌表明其内心复杂

有时候，下属犯了错误，他也会做出"摩拳擦掌"的动作。他做这种动作表示出其内心复杂的心情。既有期待，又有不安的成分。他既期待着一个好的结果，可是，又担心出现极为不好的结果。

本章小结

1. 走路沉稳的人

一般来说，走路沉稳的人务实，走路匆忙的人讲究工作效率，是一个典型的行动主义者。

2. 喜欢在名片上印上绰号或别号的人

一般来说，名片上印着绰号的人没什么责任心，如果你是一名上司，你可不要把重要的事交给他去办。

3. 把办公桌与抽屉收拾得整整齐齐的人

在办公室里，办公桌是最容易泄露一个人工作态度的地方。你仔细观察，就能获得意想不到的收获哦！把办公桌与抽屉收拾得整整齐齐的人做事井井有条。

4. 打电话习惯性地记下要点的人

打电话时，习惯记下要点的人，对工作非常严谨，他们会注意一些小细节，绝不会敷衍了事。

5.写字字体垂直的人

在面试时，如果想知道一个人是否有责任感，那么只需要仔细观察他们的笔迹，从他的笔迹中能看出一个人的性格与做事态度。

6."摩拳擦掌"的人

当你把一个任务派给一个员工时，他摩拳擦掌，这表明他非常热衷于这件事，正跃跃欲试呢！

版权登记号：01-2017-7258

图书在版编目（CIP）数据

不要给我耍心机 ／ 子阳著．—北京：现代出版社，2018.5
ISBN 978-7-5143-6761-4

Ⅰ.①不… Ⅱ.①子… Ⅲ.①心理学－通俗读物
Ⅳ.①B84-49

中国版本图书馆CIP数据核字(2018)第023859号

原书名为《不要跟我耍心机：每个人全身上下其实都暗藏玄机》由信实文化行销有限公司在
台湾出版，今授权现代出版社有限公司在中国大陆地区出版其中文简体字平装本版本。该出
版权受法律保护，未经书面同意，任何机构与个人不得以任何形式进行复制、转载。

项目合作：锐拓传媒copyright@rightol.com。

不要给我耍心机

作　　者	子　阳
责任编辑	张　霆　哈　曼
出版发行	现代出版社
通信地址	北京市安定门外安华里504号
邮政编码	100011
电　　话	010-64267325　64245264（兼传真）
网　　址	www.1980xd.com
电子邮箱	xiandai@vip.sina.com
印　　刷	三河市宏盛印务有限公司
开　　本	880mm×1230mm　1/32
印　　张	9
字　　数	183千
版　　次	2018年5月第1版　2018年5月第1次印刷
书　　号	ISBN 978-7-5143-6761-4
定　　价	42.00元